Praxis solarthermischer Kraftwerke

Springer-Verlag Berlin Heidelberg GmbH

M. Mohr   P. Svoboda   H. Unger

Praxis solarthermischer Kraftwerke

Mit 109 Abbildungen und 28 Tabellen

Springer

Autoren

Dr.-Ing. Markus Mohr
Ruhr-Universität Bochum
Institut für Energietechnik
Unversitätsstraße 150
44801 Bochum
E-mail: mohr@nes.ruhr-uni-bochum.de

Professor Dr.-Ing. Hermann Unger
Ruhr-Universität Bochum
Institut für Energietechnik
Unversitätsstraße 150
44801 Bochum
E-mail: unger@nes.ruhr-uni-bochum.de

Dipl.-Ing. Petr Svoboda
Balthasarstr. 67
50670 Köln
E-mail: PetrSvoboda@t-online.de

Redaktionelle Bearbeitung: Yvonne Thalheim, Köln

ISBN 978-3-642-63616-5

Die Deutsche Bibliothek - CIP-Einheitsaufnahme

Mohr, Markus: Praxis solarthermischer Kraftwerke / Markus Mohr; Petr Svoboda; Hermann Unger.
- Berlin; Heidelberg; New York; Barcelona; Hongkong; London; Mailand; Paris; Singapur; Tokio:
Springer 1999
ISBN 978-3-642-63616-5   ISBN 978-3-642-58489-3 (eBook)
DOI 10.1007/978-3-642-58489-3

Umschlaggestaltung: de'blik, Berlin
Satz: Reproduktionsfertige Vorlage von Yvonne Thalheim, Köln

SPIN: 10706072   30/3136   - 5 4 3 2 1 0 - Gedruckt auf säurefreiem Papier

Danksagung

Dieses Buch ist aus der Vorlesung „Stromerzeugung durch erneuerbare Energieträger" hervorgegangen. Für die Unterstützung und den zeitlichen Freiraum zur Gestaltung der Vorlesung und des Skriptums gilt unser ganz herzlicher Dank Herrn Prof. Dr.-Ing. Hermann Unger.

Besonderer Dank gilt der Firma Pilkington Solar GmbH, die Erfahrungen aus der Zusammenarbeit mit der SEGS-Betreiberfirma Kramer Junction Company OC sowie aus Projektentwicklungen in vielen Ländern beigesteuert hat. Für die Unterstützung sowie die Bildrechte möchten wir uns ganz herzlich bei der Geschäftsführung bedanken.

Ein weiterer Dank gilt ebenfalls Herrn Dipl.-Ing. Andreas Ziolek, der sowohl durch seine konstruktiven Anmerkungen zum Skriptum als auch durch die Vorlesungsbegleitung zum Gelingen der Veranstaltung wie des Buches beigetragen hat.

Herrn Dipl.-Ing. Thomas Kattenstein gebührt Dank für das nochmalige Überarbeiten des Skriptums für das vorliegende Buch.

Herrn Carsten Marbach gebührt ebenfalls ein besonderer Dank. Er hat durch sein Engagement und seine Einsatzfreude die rasche Bereitstellung des Skriptums erst ermöglicht.

Unser Dank gilt darüber hinaus auch Herrn Dipl.-Ing. Heribert Ernst, der durch seine Hilfsbereitschaft und seinen Support bei der Datenverarbeitung mit zum Gelingen des Buches beigetragen hat.

Bochum/Köln im Februar 1999 Die Autoren

In Memoriam an Dr.-Ing. Helmut Klaiß

Herr Dr.-Ing. Helmut Klaiß, der 1996 mit 53 Jahren viel zu früh verstorben ist, hat sich insbesondere in seinen letzten Jahren um die thermische Solarenergienutzung große Verdienste erworben. Viele technische und wirtschaftliche Details und Verbesserungen, die er mit seinen Forschungs- und Entwicklungsarbeiten angestoßen hat, sind in diesem Buch dokumentiert.

Wir sind dankbar, daß wir Herrn Dr. Klaiß nicht nur fachlich, sondern auch menschlich kennenlernen durften.

Die Autoren

Inhaltsverzeichnis

1 Einleitung 1

2 Solarkraftwerke mit Parabolrinnen 3

  2.1 Einleitung 3
  2.2 Solarfelder aus Parabolrinnenkollektoren. 5
     2.2.1 Reflektoren 8
     2.2.2 Absorber 8
     2.2.3 Nachführung und Steuerung. 10
     2.2.4 Antriebssystem 12
     2.2.5 Kollektorstruktur 12
     2.2.6 Der Primärkreislauf mit Thermoöl 12
     2.2.7 Thermische Energiespeicher. 15
  2.3 Betrieb und Instandhaltung von Solarkraftwerken 23
     2.3.1 Einleitung 23
     2.3.2 Betrieb eines Solarkraftwerks. 24
     2.3.3 Instandhaltungsprozeduren in Solarkraftwerken 25
     2.3.4 Anforderungen an Belegschaft,
          Material und Betriebsstoffe 26
  2.4 Integrationsvarianten solarthermischer Systeme
     in Kraftwerken 27
     2.4.1 Solarthermische Dampfkraftwerke mit
          Parabolrinnentechnologie. 28
     2.4.2 Solar-Gas- und Dampfkraftwerke. 31
     2.4.3 Solarisierte Grundlastkraftwerke 36
     2.4.4 Charakteristische Stromproduktion
          solarthermischer Kraftwerke 37
     2.4.5 Kühlung 40
     2.4.6 Standort- und Konfigurationsproblematik
          solarthermischer Kraftwerke 41
  2.5 Beispiel Kalifornien 44
     2.5.1 Evolution der SEGS-Anlagen. 44
     2.5.2 Kollektorentwicklung. 47
     2.5.3 Kraftwerksentwicklung. 48
     2.5.4 Betriebserfahrung in Kalifornien 51

2.6 Technologische Entwicklungen der
Parabolrinnentechnologie 57
2.6.1 Einleitung 57
2.6.2 Entwicklungen bei den SEGS-Anlagen in Kalifornien 59
2.6.3 Entwicklung der Technologie der
Parabolrinnenkollektoren 67
2.6.4 Direktverdampfung 74
2.6.5 Das Kostensenkungspotential
bei Parabolrinnensolarkraftwerken 88

3 Paraboloidkraftwerke 91

3.1 Komponenten................................... 92
3.1.1 Konzentrator 92
3.1.2 Dish/Stirling-Receiver............................. 95
3.1.3 Stirling-Motor 97
3.2 Dish/Stirling-Anlagen 100
3.2.1 Bisherige Prototypanlagen........................ 100
3.2.2 Aktuelle und zukünftige Entwicklungen.............. 108
3.2.3 Wirtschaftlichkeit und Kosten...................... 114
3.3 Paraboloid-Anlagen mit zentraler Stromgestehung........... 115
3.3.1 Bisherige Prototypanlagen........................ 115
3.3.2 Aktuelle und zukünftige Entwicklungen.............. 120

4 Solarturmkraftwerke 121

4.1 Komponenten..................................... 122
4.1.1 Heliostaten....................................... 122
4.1.2 Receiver... 135
4.1.3 Wärmeträgermedium.............................. 144
4.1.4 Wärmespeicher 149
4.2 Ausgeführte Solarturmkraftwerke......................... 152
4.2.1 IEA-SSPS-CRS (Almeria/Spanien)................... 153
4.2.2 EURELIOS (Adrano/Italien)........................ 155
4.2.3 SUNSHINE (Nio Town/Japan)...................... 157
4.2.4 Thémis (Targasonne/Frankreich) 159
4.2.5 Solar-One-Anlage (Barstow/Kalifornien/USA) 160
4.2.6 CESA-1 (Almeria/Spanien)......................... 162
4.2.7 SPP-5 (Kertsch/Rußland) 165
4.2.8 Solar-Two-Anlage (Barstow/Kalifornien/USA) 166
4.2.9 PHOEBUS (Manzaranes/Spanien) 167
4.2.10 Zusammenfassung 169
4.3 Ausblick.. 172

Literatur 173

1 Einleitung

Die regenerativen Energieträger haben bereits heute einen signifikanten Anteil an der weltweiten Stromerzeugung. Im Jahre 1997 trugen sie knapp 20 % zur Gesamtproduktion von etwa 12.000 TWh bei. Dieser Anteil wurde fast ausschließlich von der Wasserkraft gedeckt, der Beitrag der Solarthermie war mit 0,7 TWh sehr klein, obwohl bereits Ende des letzten, Anfang dieses Jahrhunderts erste Anlagen u.a. zum Antrieb von Bewässerungspumpen auf Basis solarthermischer Stromerzeugung gebaut wurden. Der Einsatz von kostengünstigerem Öl und anderen fossilen Brennstoffen verhinderte damals weitere Entwicklungen, und erst mit dem Beginn der Energiekrise 1973/74 wurden diese Technologien neu entdeckt. Während die Parabolrinnenkraftwerke SEGS I-IX mit 354 MW_{el} in Kalifornien schon bewiesen, daß unter günstigen Rahmenbedingungen ein kommerzieller Betrieb möglich ist, bieten z.B. Paraboloidkraftwerke mit im Brennpunkt angeordneten Stirling-Motoren erst die Perspektive, bei Serienfertigung Strom in abgelegenen Gebieten des äquatorialen Gürtels günstiger zu gestehen als die dort bisher genutzten Dieselaggregate. Alle solarthermischen Anlagen erfordern eine direkte Einstrahlung von mindestens 1800 kWh/m^2a, so daß ihr Einsatz nur in Gebieten zwischen etwa 40° nördlicher und südlicher Breite, also beispielsweise nicht in Deutschland, ökonomisch sinnvoll ist.

Das hier vorliegende Buch ist aus dem Skriptum zur Vorlesung „Stromerzeugung durch erneuerbare Energieträger", welche an der Ruhr-Universität Bochum seit dem Wintersemester 1996 als Wahlfach bzw. als Teilnahmefach der Vertiefungsrichtung „Energieversorgung" gelesen wird, hervorgegangen. Das große Interesse an der Vorlesung sowie die neuen Chancen für diese Energietechnologie war die Motivation, das hier vorliegende Buch zu erarbeiten. Damit ist das Buch zum Beispiel auch für ähnliche Vorlesungen an anderen Universitäten interessant, da es vertieften Einblick vor allem in die Praxiserfahrungen bei solarthermischen Kraftwerken vermittelt, wobei auch Erfahrungen bei Projektentwicklungen mit einfließen. Insgesamt befaßt sich das Buch mit der Theorie und der Praxis bestehender Anlagen zur Nutzung des Direktanteils der Solarstrahlung. Es werden somit ausschließlich konzentrierende solarthermische Systeme betrachtet, da diese neben Windkraftanlagen kurz-, mittel- und voraussichtlich auch langfristig die wirtschaftlichste Möglichkeit darstellen, Strom aus erneuerbaren Energieträgern zu gestehen. Zunächst werden in diesem Buch die Grundlagen (u.a. Aufbau und Funktionsweise) und die Auslegung der Komponenten (z.B. Konzentratoren, Receiver) diskutiert sowie der Status Quo und die Perspektiven der einzelnen Techniken erläutert. Im Praxis- und Erfahrungsteil wird über bestehende Anlagen berichtet und es werden die technischen Modifikationen und Entwicklungen der einzelnen Anlagen dargestellt. Dabei werden der Betrieb (u.a. reale Charakteristiken, Wirkungs- und Nutzungsgrade), die Wirtschaftlichkeit (u.a. Investitions- und Betriebskosten) sowie die weiteren Aspekte der Kraftwerke aufgezeigt. Weiterhin werden die geplanten solarthermischen Anlagen vorgestellt und erörtert.

Das Buch geht dabei insbesondere auf die großen Solarfarmkraftwerke ein; es werden aber auch Paraboloid- und Solarturmkonzepte diskutiert, obwohl die beiden letztgenannten Technologien bisher nicht eingesetzt worden sind. Die meisten dieser Anlagen befinden sich entweder im Versuchsstadium oder sind bereits außer Betrieb. Dennoch haben sowohl die Paraboloid- als auch die Turmanlagen ein großes Potential und werden hier entsprechend berücksichtigt. Der Schwerpunkt liegt jedoch auf den Parabolrinnenkollektoren, die bereits seit Anfang der 80er Jahre vor allem aufgrund der günstigen Rahmenbedingungen in Kalifornien eingesetzt werden. Die Vereinigten Staaten von Amerika verabschiedeten 1978 das Gesetz PURPA (Public Utilities Regulatory Act), welches die Energieversorgungsunternehmen verpflichtete, emissionsfrei erzeugten Strom von privaten Betreibern abzunehmen. Somit konnte der Betreiber der Parabolrinnenanlagen (SEGS-Anlagen), der Kollektoren-Produzent LUZ, in Zusammenarbeit mit verschiedenen privaten Investoren langfristige Stromabnahmeverträge abschließen, wobei die anfängliche Sommerspitzenlastvergütung 30 cents/kWh betrug, aber abhängig vom Preis konkurrierender fossiler Energieträger war. Zum Ausgleich von Einstrahlungsschwankungen wurde eine 25 %ige fossile Zufeuerung erlaubt. Weiterhin gewährten sowohl der Staat Kalifornien als auch die USA Steuerermäßigungen auf die Anfangsinvestitionen („tax credits"), die bei einem solarthermischen Kraftwerk aufgrund des Solarfeldes relativ hoch sind. Die Steuererleichterungen betrugen bei SEGS I 38,5 % und wurden danach in Erwartung entstehender Konkurrenzfähigkeit reduziert. Als aber Ende der 80er Jahre mit den sinkenden Energiepreisen auch die Vergütungen für Solarstrom um 40 % fielen, waren neue Anlagen nicht mehr rentabel und LUZ mußte Konkurs anmelden. Durch Auffanggesellschaften der Investoren konnte der Weiterbetrieb der bestehenden Kraftwerke gesichert werden. Pilkington Solar International ersetzt bei Bedarf Spiegel, und Solel Solar Systems, der Nachfolger des israelischen Zweigs von LUZ, hat nach einer Unterbrechung wieder die Absorberproduktion aufgenommen, so daß die Einzelteilversorgung gesichert ist. Kurz- bis mittelfristig können sie aufgrund der Forderungen der verschiedenen internationalen Klimaschutzkonferenzen (Kyoto, Buenos Aires etc.) zu einem neuerlichen Aufbau von konzentrierenden Solartechniken führen.

2 Solarkraftwerke mit Parabolrinnen

2.1
Einleitung

Solarfelder mit Parabolrinnenkollektoren liefern Wärme für Dampfkraftwerke, wobei sie im wesentlichen die Funktion eines solaren Dampferzeugers erfüllen, der einen mit fossilem Brennstoff befeuerten Dampferzeuger ersetzt oder ergänzt. Die diskontinuierliche solare Energiequelle läßt allerdings nur eine Benutzungsdauer des Solarfelds von 2000–2400 Stunden (Vollast) jährlich zu. Aus diesem Grund macht es technisch und wirtschaftlich Sinn, eine Kraftwerkskonfiguration zu wählen, bei der das Kraftwerk für viele zusätzliche Betriebsstunden im Jahr mit fossilen Brennstoffen betrieben werden kann. Kraftwerke, die mit Solarenergie oder zusätzlich mit fossilen Brennstoffen betrieben werden können – sogenannte Hybridkraftwerke – werden in diesem Kapitel mitsamt der dazugehörenden Technologie beschrieben.

Die Solarfelder bestehen aus langen Reihen von identischen Parabolrinnen-Kollektormodulen mit einer reflektierenden Oberfläche – normalerweise besteht diese aus Glasspiegeln –, die in einer Richtung gekrümmt ist und so die „Rinne" bildet. Die Kollektoren folgen der Sonne von Ost nach West, während sie sich um eine horizontale Nord-Süd-Achse drehen, so daß sich die Sonne stets in ihrer Symmetrieebene befindet, und die Sonnenstrahlen auf das Absorberrohr in der Fokallinie gebündelt werden (siehe Abbildung 2.1).

In den Rohren zirkuliert ein Wärmeträgermedium, in der Regel ein Öl, mit Arbeitstemperaturen bis zu 400 °C. Dieses Öl wird zu einem zentral gelegenen Kraftwerksblock gepumpt, wo es durch einen Wärmeübertrager fließt. Die Wärme des Öls wird an ein Arbeitsmedium übertragen, wie z.B. Wasser/Dampf, das dort zum Antrieb eines konventionellen Turbogenerators dient. Das Schema der Anlage ist in Abbildung 2.2 dargestellt. Der Spitzenwirkungsgrad von Direktnormalstrahlung zu elektrischer Energie beträgt netto derzeit 23 %. In Kalifornien wurden 9 Anlagen mit Leistungsgrößen von 15–80 MW_{el} in den Jahren 1984–90 gebaut, die seitdem täglich in Betrieb sind. Die Anlagen sind allesamt kommerzielle Projekte unabhängiger Stromproduzenten, und mit 354 MW_{el} liefern sie zuverlässige Erfahrungswerte mit der Parabolrinnentechnik.

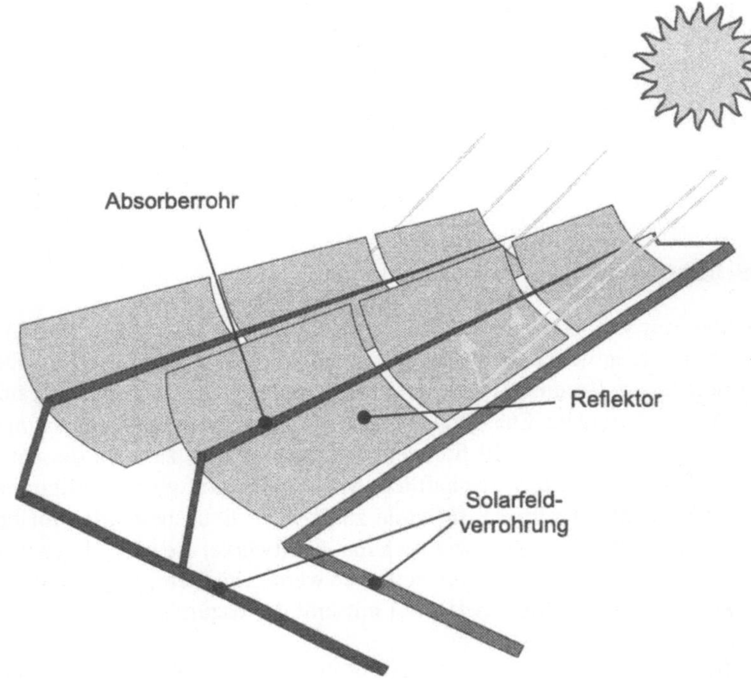

Abb. 2.1.   Funktionsprinzip einer Parabolrinne

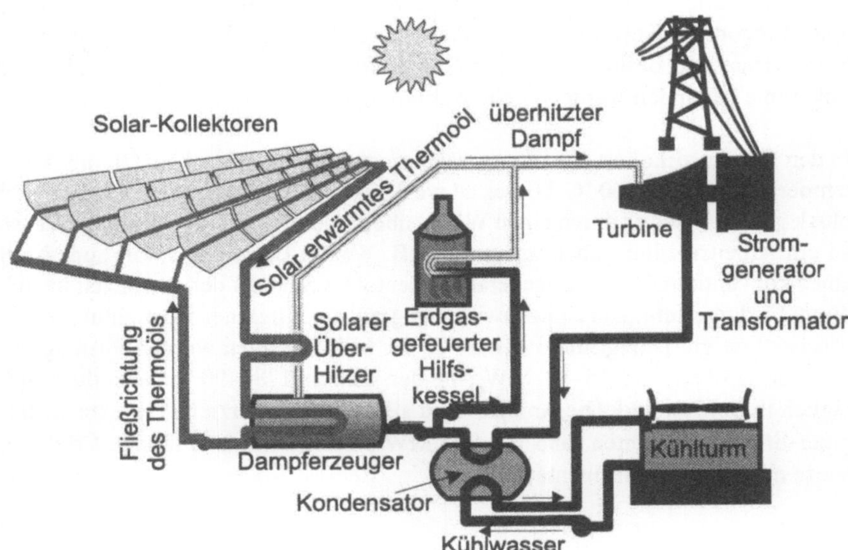

Abb. 2.2.   Schema eines Solarkraftwerks mit Parabolrinnen

2.2
Solarfelder aus Parabolrinnenkollektoren

Im Folgenden wird die heute verfügbare Technik des solaren Systems beschrieben, wie sie in Kalifornien bei den zuletzt gebauten Anlagen realisiert wurde.

Die parabolisch geformten Glasspiegel reflektieren die Solarstrahlung mit einem Konzentrationsfaktor von ungefähr 80 auf den Absorber. Abbildung 2.3 zeigt den Aufbau eines Parabolrinnenkollektors einer SEGS-Anlage. Die Aperturbreite von 5,76 m (beim Kollektormodell LS-3) wird durch 4 Spiegel erreicht; in Längsrichtung bilden hingegen 7 Spiegel ein 12 m langes Kollektorsegment (links unten im Bild), und der ganze, 100 m lange Kollektor besteht aus 8 Kollektorsegmenten. Ein Kollektor (LS-3) besteht somit aus 224 Spiegelsegmenten, mit je etwa 2,68 m^2 Fläche, was aber wegen der Biegung eine Nettofläche von 545 m^2 ergibt, 24 Absorberrohren (8 Kollektorsegmenten à 3 Rohren), der tragenden Metallstruktur, den Nachführ- und Kontrolleinheiten sowie den flexiblen Verbindungen der Kreislaufverrohrung. Ein individueller Sonnensensor stellt die Lage jedes einzelnen Kollektors fest und sichert mit der Antriebseinheit die genaue Nachführung, wobei er durch die lokale Kontrolleinheit unterstützt und geregelt wird, die wiederum mit dem Hauptprozessrechner für das gesamte Solarfeld in Verbindung steht.

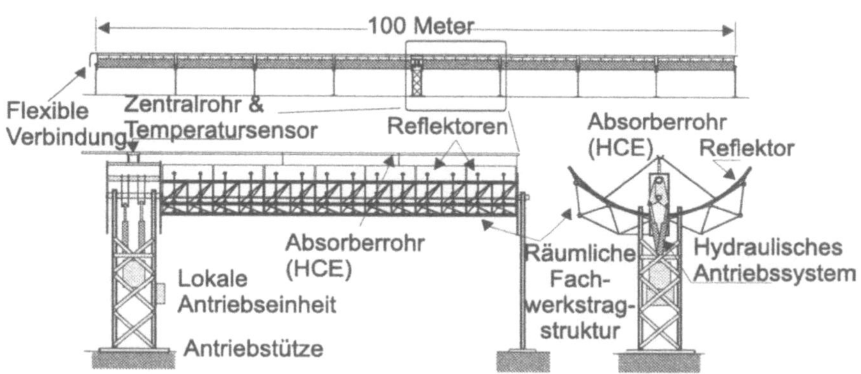

Abb. 2.3.   Schema eines Kollektors der 3. Generation (LS-3)

Das Solarfeld besteht aus parallelen Reihen von Solarkollektoren, die in Schleifen von 6 LS-3 Kollektoren angeordnet sind, wie in Abbildung 2.5 dargestellt. Abbildung 2.4 zeigt die Auslegung eines 80 MW$_{el}$ Solarfelds mit 792 Kollektoren in 132 Schleifen und 431640 m^2 Aperturfläche. Der Kraftwerksbereich liegt zentral. Die Abstände der Kollektorreihen sind auf minimale Verrohrungskosten und gleichzeitig minimaler gegenseitiger Abschattung am Morgen und Abend optimiert. Verteilerleitungen bringen das kalte Wärmeträgermedium zur Schleife und transportieren es erhitzt wieder ab. Die Solarfeldverrohrung ist ausreichend isoliert, um Wärmeverluste zu minimieren. Der jeweilige Rohrdurchmesser und die Stärke der Isolation wurden gewählt, um ein Optimum zwischen Oberflächenwärmeverlusten, die auch in der Nacht auftreten, und Druckverlusten, die zu höherem Pumpaufwand und stärkeren Rohrwänden führen, zu erreichen.

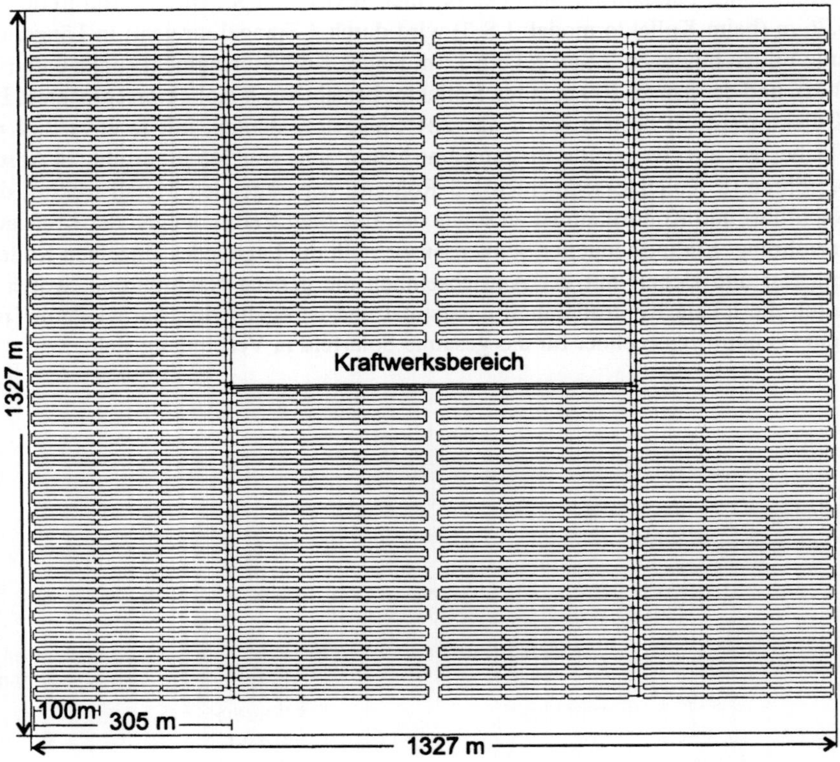

Abb. 2.4.   Beispiel einer Solarfeldauslegung (ca. 80 MW, LS-3)

Die Solarfeldauslegung, insbesondere auch die Anordnung der Kollektoren, hängt von der Anlagen- und Kollektorgröße, den Temperaturen und den Druckverlusten ab. Parabolrinnen können auch in jeder beliebigen Richtung bzw. Orientierung (bis Ost-West-Achsenrichtung) aufgestellt werden, und obwohl der saisonale Ertrag dadurch etwas geglättet wird, ist der gesamte jährliche Energieertrag jedoch geringer.

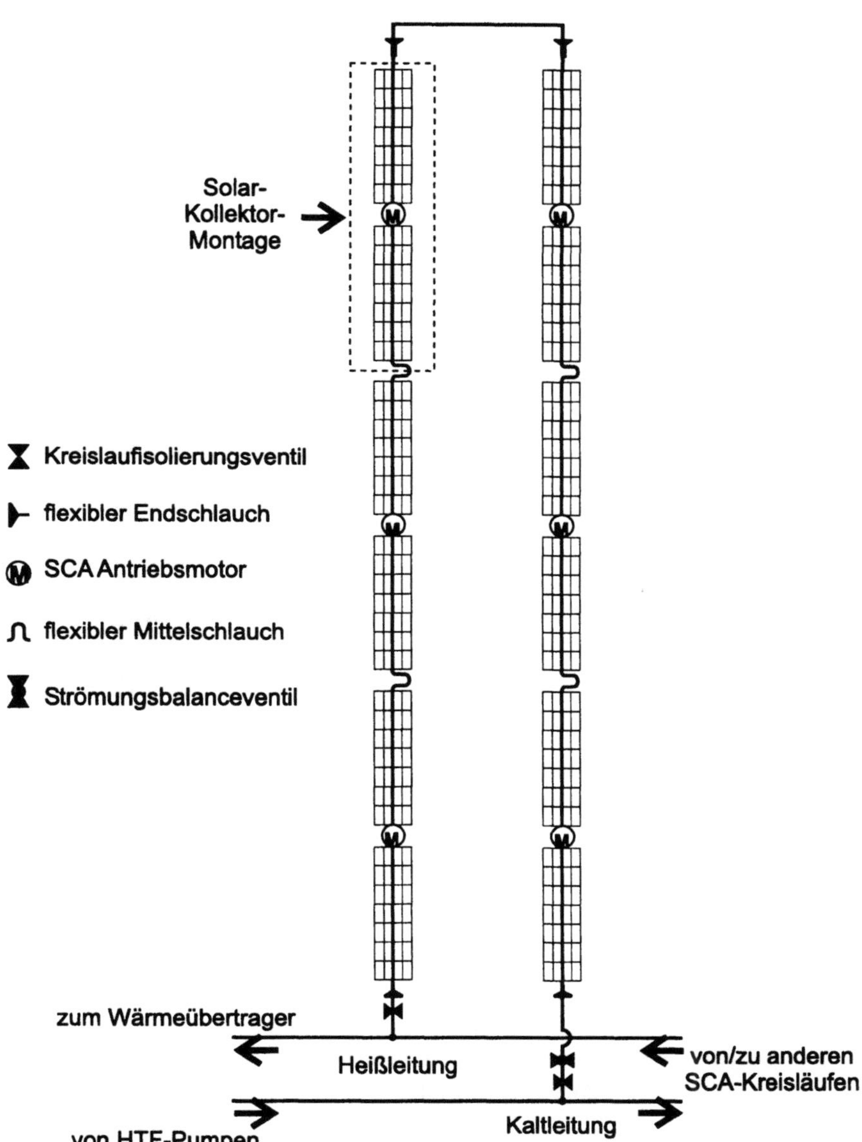

Abb. 2.5. Kollektorschleife mit 6 Kollektoren und Verrohrung

Der Solarkollektor besteht aus einer Vielzahl von Komponenten, von denen die meisten von verschiedenen Herstellern bezogen werden können. Bei den bestehenden SEGS-Kraftwerken beträgt die gesamte Aperturfläche der Solarfelder 2.300.000 m^2, wobei die Einzelteile für die Kollektoren, je nach Angebot, von Unternehmen aus verschiedenen Ländern geliefert wurden. Die Teile der Metallstruktur, des Antriebssystems, der Regelungs- und anderer Subsysteme machen ungefähr 60 % der gesamten direkten Solarfeldkosten aus. Die Reflektoren und die Absorberrohre stellen spezielle Komponenten dar, die nur in Parabolrinnensolarfeldern Verwendung finden. Der Herstellungsprozeß der parabolischen Reflektoren und Absorberrohre ist aufwendig und sehr spezifisch.

2.2.1
Reflektoren

Die Reflektoren bestehen aus heißgeformten Glasscheiben, die von der Metallstruktur des Kollektors getragen werden. Das Glas selbst wird mit der gängigen Floatglas-Methode hergestellt, bei der geschmolzenes Glas auf ein Zinnbad, was durch seine glatte Oberfläche absolute Ebenheit garantiert, gegossen und anschließend auf eine bestimmte Stärke gestreckt wird. Die Temperatur des Glases wird allmählich gesenkt, bis ein fester Aggregatzustand erreicht wird. Das Glas für solare Anwendungen hat einen besonders niedrigen Eisengehalt – sogenanntes „Weißglas" mit maximal 0,015 %, verglichen mit 0,13 % im normalen „Grünglas" – um die Lichttransmissivität im solaren Spektrum auf über 91 % zu erhöhen. Nachdem es auf die richtige Größe geschnitten wurde, wird das Glas geschliffen. Danach wird es in einem Ofen in die richtige parabolische Form gebracht, indem es durch Eigengewicht auf äußerst präzise Biegeformen sinkt. Anschließend werden auf der Rückseite eine Silberschicht, eine Kupferschicht sowie drei Schutzschichten aus Epoxylack aufgebracht, mit denen auch die Kanten versiegelt werden. Schließlich werden keramische „pads" aufgeklebt, in denen sich eine Mutter befindet, die eine Verschraubung des Glaspanels auf das Tragwerk des Kollektors ermöglicht. Der Aufbau des Reflektors ist in Abbildung 2.6. skizziert. Die Formtreue der Reflektoren wird zur optischen Qualitätssicherung mit einem Laserstrahl überprüft.

2.2.2
Absorber

Das Absorberrohr besteht aus einem 4 m langen, 2 mm starken Edelstahlrohr von 70 mm Durchmesser, das von einer evakuierten Glashülle, wie in Abbildung 2.7 dargestellt, umgeben ist. Zwischen Metallrohr und Glashülle sind in das Absorberrohr Glas-Metall-Verbindungen und Faltenbälge eingebaut, um den Zwischenraum vakuumdicht zu halten und gleichzeitig die unterschiedlichen thermischen Ausdehnungen zwischen Glas und Stahlrohr auszugleichen. Das Vakuum von 10^{-4} torr dient dazu, die Wärmeverluste (Konvektion und Leitung) zu verringern und die selektive Schicht vor Oxidation zu schützen. Diese Cermet-Schicht (heute: Metalloxid-Keramik – früher, für niedrigere Temperaturen: Schwarzchrom) auf dem inneren Rohr wird durch Sputtern aufgebracht und erhöht durch seine speziellen optischen Eigenschaften den Energiegewinn aus der Solarstrahlung.

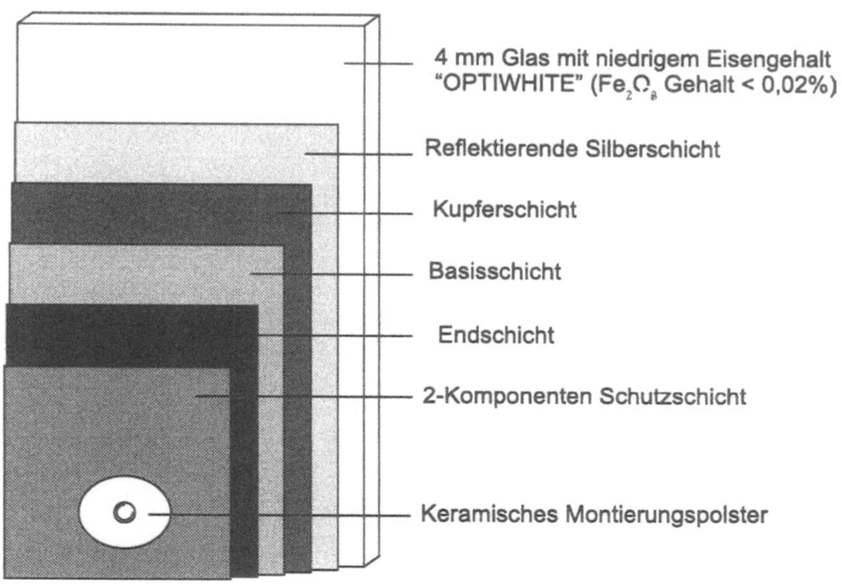

Abb. 2.6.   Aufbau eines Solarspiegels (selbsttragend)

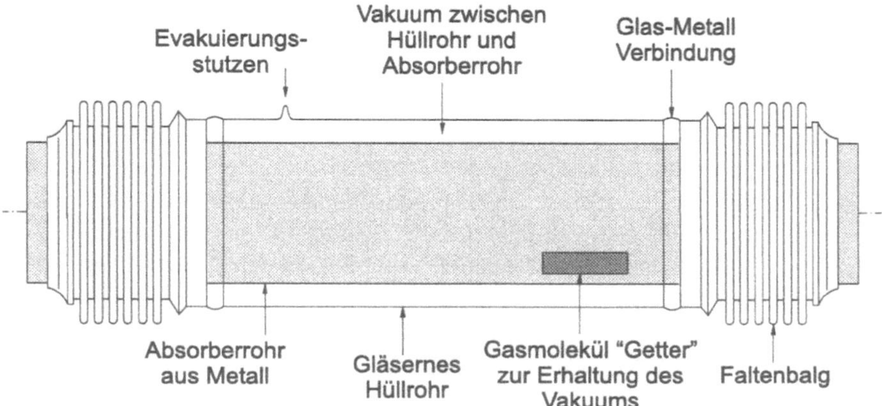

Abb. 2.7.   Absorberrohr (nicht maßstabsgetreu!)

Das Cermet besteht aus einem keramischen Material und einem Metall, und die Zusammensetzung ändert sich allmählich von einem bestimmten Verhältnis der 2 Komponenten innen auf reine Keramik an der Oberfläche. Die Beschichtung weist eine Stärke von ungefähr 1/3 µm auf, was etwa 3500 Ångstrom entspricht. Die Cermetschicht wird auf das Metallrohr durch einen Sputterprozeß aufgebracht, einem mittlerweile üblichen Verfahren für dünne Beschichtungen, bei dem das Beschichtungsmaterial durch Ionen-Beschuß auf eine Oberfläche aufgebracht wird. Die Ionen werden durch ein starkes elektrisches Feld beschleunigt, wobei die Kathode entweder durch Gleichstrom oder durch Radiofrequenzen angeregt wird. Der Prozeß findet unter Vakuum in einer dünnen Atmosphäre aus Argon statt. Das Substrat kann entweder gekühlt oder erhitzt werden, je nachdem, welche Eigenschaften bei der Beschichtung erzielt werden sollen. Die gesputterten Cermetschichten zeichnen sich durch eine hervorragende Temperaturstabilität und Haltbarkeit unter hohen Einstrahlungsdichten aus.

Ferner sind im Vakuumraum des Absorberrohrs noch sogenannte „Getter" eingebaut, die Gasmoleküle absorbieren, die mit der Zeit durch das Glas und das Edelstahlrohr in den evakuierten Raum eindringen. Für das Vakuum sorgt noch eine Membran, die eindiffundierten Wasserstoff aus dem evakuierten Raum herauspumpt.

Die Leistungsfähigkeit des Kollektors resultiert aus seinen optischen Komponenten: Die Qualität der Spiegel ergibt eine Reflektivität von 94 %; das Glashüllrohr läßt 97 % der Strahlen durch, und die selektive Schicht auf dem Absorberrohr absorbiert 96 % der ankommenden Strahlung, während ihr Emissionsgrad 0.19 (bei 350 °C) beträgt. Dies ergibt zusammen mit den geometrischen Werten und den Herstellungstoleranzen einen optischen Wirkungsgrad für senkrecht einfallende Strahlen von 80 %.

2.2.3
Nachführung und Steuerung

In den bestehenden Anlagen ist das Kontrollsystem des Solarfelds aus einer zentralen Solarfeld-Kontrolleinheit im Kraftwerksleitstand und mehreren lokalen Kontrolleinheiten an jedem Kollektor aufgebaut. Die zentrale Einheit überwacht Einstrahlung, Windgeschwindigkeit und den Massenstrom des Wärmeträgermediums und steht mit den lokalen Einheiten in Verbindung. Von ihr gehen auch die Befehle zum Aufnehmen des Solarbetriebs – die lokale Einheit übernimmt die Kontrolle – oder zum Beenden des Betriebs nach Sonnenuntergang aus. Beim Überschreiten der zulässigen Betriebswerte wie z.B. zu hohe Windgeschwindigkeit oder Absorberrohrtemperatur wird das Solarfeld von beiden Kontrolleinheiten durch geeignete Maßnahmen geschützt. So kann auch der Zustand der Kollektoren im Feld zentral überprüft werden.

Um im Betrieb die Sonnenstrahlen auf das Absorberrohr zu fokussieren, benötigt das Nachführsystem einen Sonnensensor, der seine Signale über eine Steuerung zu einer z.B. hydraulischen Antriebseinheit schickt, die den Kollektor ausrichtet. Der Kollektor kann von der Parkposition, die sich ca. 30° unter dem östlichen Horizont befindet, bis in die Horizontale bei Sonnenuntergang bewegt werden (siehe Abbildung 2.8). Die Parkposition schützt den Kollektor nachts vor Verunreinigungen und hält im Sturm die Windlasten durch günstige aerodynamische Anstellung gering.

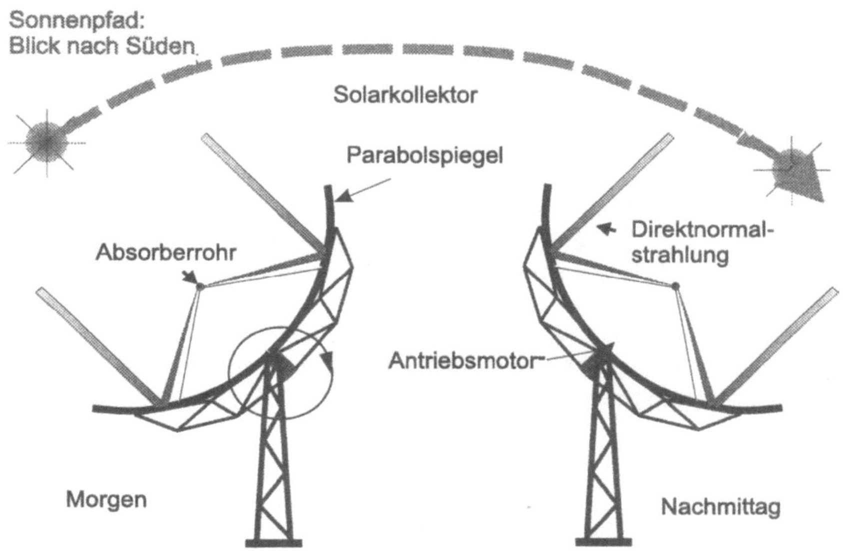

Abb. 2.8.   Nachführung des Kollektors

Die gesamte Nachführgenauigkeit beträgt ungefähr ± 0,1°. Der Sonnensensor besteht aus konvexen Linsen, die das Licht auf 2 durch ein dünnes Blech getrennte Photozellen lenken, die durch Differenzstrahlungsmessung eine Auflösung von 0,05° erreichen. Der bei den SEGS-Anlagen eingesetzte Sensor hat sich im Betrieb auch bei Wolken, bedecktem Himmel und Verunreinigungen auf den Linsen bewährt. Für die Grobpositionierung, die vor allem zum morgendlichen Anfahren benötigt wird, wird ein Neigungsmesser – ein Potentiometer – verwendet, das auf der Achse des Antriebssystems befestigt ist und eine Auflösung von 0,3° hat.

Die Nachführung des Kollektors wird durch eine individuelle lokale Kontrolleinheit überwacht, einem Mikroprozessor für Kontrolle, Kommunikation und Motorsteuerung. Der Prozessor verarbeitet dazu Signale von dem Neigungsmesser, dem Sonnensensor und dem zentralen Solarfeld-Hauptrechner. Er überwacht durch einen Temperaturmesser die Temperatur des Wärmeträgermediums, um einer Überhitzung vorzubeugen. Durch die Kommunikation mit dem Solarfeld-Hauptrechner werden wichtige Schwellwerte wie zulässige Windgeschwindigkeiten kontrolliert sowie Funktionen der Instandhaltungsdiagnostik erfüllt.

2.2.4
Antriebssystem

Das Antriebssystem der Nachführung muß das Drehmoment aufbringen, um den Kollektor selbst bei windigen Verhältnissen zu bewegen. Beim LS-3 Kollektor besteht es aus einem elektro-hydraulischen Antrieb und 2 Zylindern, die von 2 Ventilen gesteuert werden, die die Bewegungsrichtung der Zylinder festlegen. Die Zylinder haben 700 mm Hub und entweder 55 oder 70 mm Durchmesser, je nachdem, ob sich der Kollektor in der Mitte oder am Rand des Solarfelds befindet, wo die verstärkten Tragstrukturen höhere Windlasten aushalten müssen. Das Antriebssystem befindet sich in der Mitte des Kollektors und ist in der Pylonstruktur eingebettet.

Bis 9 m/s sind der Kollektor und das Antriebssystem für normalen Betrieb ausgelegt, können jedoch mit verringerter optischer Genauigkeit bis 20 m/s weiterarbeiten. Je nach Wetterlage werden sie aber, falls Windböen zu erwarten sind, aus Sicherheitsgründen schon ab 16 m/s durchschnittlicher Windgeschwindigkeit abgeschaltet. In der Park- und Schutzposition zeigen die Kollektoren nach unten – also für gewöhnlich nachts oder auch wenn das Solarfeld außer Betrieb ist. Die Kollektorstrukturen widerstehen maximalen Windgeschwindigkeiten bis zu 32 m/s.

2.2.5
Kollektorstruktur

Der LS-3 Kollektor ist mehr als doppelt so lang wie das Vorgängermodell und weist eine 14 % größere Aperturweite auf. Über die Vergrößerung der geometrischen Abmessungen hinaus bedeutete der LS-3 Entwurf eine Änderung der Konstruktionsphilosophie: Die ersten Kollektorgenerationen wurden erst am Aufstellungsort – im Solarfeld – zusammengebaut und dort arbeits- und zeitaufwendig auf die erforderliche optische Genauigkeit einjustiert. Die neue Kollektorengeneration wird hingegen auf der Baustelle in laserkalibrierten Montagevorrichtungen mit der nötigen Präzision zusammengebaut und danach erst in 12-m-Segmenten transportiert. Diese werden auf die Tragstützen gesetzt, wo nach dem Zusammenbau und Anschluß der Antriebs- und Kontrolleinheit die Absorberrohre eingesetzt werden. Die 2 tragenden Stabwerkskonstruktionen haben das frühere Torsionsrohr ersetzt und bieten die nötige Steifigkeit gegen Biegung und Torsion, wobei vor allem das Gewicht reduziert wurde. Auf diesen im Querschnitt dreiecksförmigen Hauptträgern sind die Arme für die Spiegelhalterung montiert.

2.2.6
Der Primärkreislauf mit Thermoöl

Das Wärmeträgersystem besteht aus Komponenten, die in der chemischen und petrochemischen Industrie – für die genaue Temperaturkontrolle von Prozessen – eine breite Anwendung finden. Auch wenn die Verbindung von Solarfeld und Kraftwerksblock, bestehend aus Thermoöl/Wasserdampf-Wärmeübertragern, einen einzigartigen Anwendungsfall darstellt, können die dafür erforderlichen Komponenten standardmäßig geliefert werden.

Das Wärmeträgeröl-System ist ein geschlossener Kreislauf, in dem das Öl, z.B. bei einem 80-MW-Kraftwerk, mit einem Massenumsatz von über 1000 kg/s fließt. Es ist eine Mischung aus Diphenyl- und Biphenyloxid, obwohl andere Flüssigkeiten verfügbar sind und in Betracht gezogen werden können.

Abb. 2.9.   Pumpen für Umwälzung des Wärmeträgeröls im Solarfeld

Der Kreislauf beginnt am Ausdehnungsgefäß für Wärmeträgeröl, das die thermische Ausdehnung zwischen Betriebs- und Stillstandstemperaturen aufnimmt. Über dem Flüssigkeitsspiegel im Behälter wird Stickstoff auf 11 bar gehalten und bildet eine inerte Atmosphäre.

Dann fließt das Öl – im Gegenstromprinzip zu dem Dampfkreislauf – durch verschiedene Wärmetauscher. Diese Wärmetauscher können durch einen „bypass" umgangen werden, was in der Aufwärmphase genutzt wird, bis das Solarfeld das Öl im Ausdehnungsgefäß soweit aufgeheizt hat, daß es Turbinendampf erzeugen kann. Der „bypass" wird auch bei Turbinenproblemen im Solarmodus geöffnet, um die Dampfzufuhr zur Turbine zu unterbinden. Die Wärmetauscher sind in der Rohrbündelbauweise ausgeführt und gehören zu den Standardkomponenten.

Das Öl fließt danach von den Wärmetauschern zu der Ansaugung der Hauptumwälzpumpen, von denen es in die „kalten" Zufluß- und Verteilerleitungen im Solarfeld gedrückt wird. Die Verteilerleitungen führen den parallel durchflossenen Kollektorschleifen das Öl zu, aus denen das aufgeheizte Öl von „heißen" Sammel- und Abflußleitungen zurück zum Ausdehnungsgefäß geleitet wird. Der Durchfluß durch die Schleifen wird durch Ventile an deren Einlaß vergleichmäßigt (siehe auch Abbildung 2.5).

Abb. 2.10. Verrohrung im Solarfeld mit flexiblen Verbindungen

Das Wärmeträgeröl wird mit 2 Zentrifugalpumpen umgewälzt, die mit variabler Geschwindigkeit betrieben werden und so jeden beliebigen Massenfluß erzielen. Die Pumpen sind in Reihe geschaltet und erbringen jeweils 50 % der nominalen Leistung; können aber auch einzeln arbeiten. Eine dritte identische Pumpe wird in Reserve gehalten. Der Druckabfall im gesamten System beträgt im Auslegungspunkt ungefähr 23 bar. Die Pumpen werden durch Motoren mit einer Leistung von je 1800 PS angetrieben, die eine variable Geschwindigkeitskontrolle haben. Diese wird gebraucht, um über den Massenstrom eine möglichst konstante Temperatur am Auslaß des Solarfelds zu erzielen.

Das Öl zerfällt mit der Zeit durch die thermische Beanspruchung langsam in niedrig- und hochsiedende Bestandteile. Die niedrigsiedenden Gase werden aus dem Ausdehnungsgefäß kontinuierlich durch eine Abscheidevorrichtung entfernt, die bei normalem Betrieb nahezu 400 °C erreicht. Die Hochsieder sind in der Flüssigkeit löslich.

2.2.7
Thermische Energiespeicher

2.2.7.1
Einleitung

Kraftwerke, die mit erneuerbaren Energien gespeist werden, erzeugen emissionsfreien Strom, solange die Primärenergiequellen Wind, Sonne oder Wasser verfügbar sind. Dadurch befindet sich die elektrische Leistung eines solarthermischen Kraftwerks inhärent in einem dynamischen Zustand, der durch vorhersagbare und nicht absehbare Veränderungen beeinflußt wird – insbesondere durch die Einflüsse der Tageszeit und des Wetters. Die zeitliche Fluktuation der Intensität dieser Quellen macht aber eine zusätzliche Erzeugung entweder durch ihre Speicherung oder durch die Verbrennung fossiler Brennstoffe nötig. Der Hauptvorteil der Solarthermie ist, daß sowohl ein thermischer Speicher, als auch eine fossile Zusatzfeuerung in das Kraftwerkskonzept integriert werden können und den Nutzungsgrad des Stromwandlungssystems steigern.

Wie eingangs erwähnt, gibt es verschiedene Gründe, einen thermischen Speicher vorzusehen: zum einen wetter- und system-immanente Gründe, wobei der Speicher das Energiedargebot vergleichmäßigt und Wolkendurchgänge abpuffert, zum anderen die Anforderungen der Netzbetreiber, wobei der Speicher die Leistungsabgabe in die Spitzenlastzeiten verlagert, und dann noch die ökologischen und ökonomischen Gründe, wenn der Speicher die Produktion des rein solar erzeugten Stroms erhöht. Die zuletzt genannte Variante steigert – in Verbindung mit einer entsprechenden Vergrößerung der Solarfeldgröße – die Benutzungsdauer eines Solarkraftwerkes ohne den Einsatz einer fossilen Zufeuerung.

Abbildung 2.11 zeigt ein Verschaltungsschema eines Parabolrinnen-Solarkraftwerks mit Integration eines thermischen Energiespeichersystems als mögliche Option.

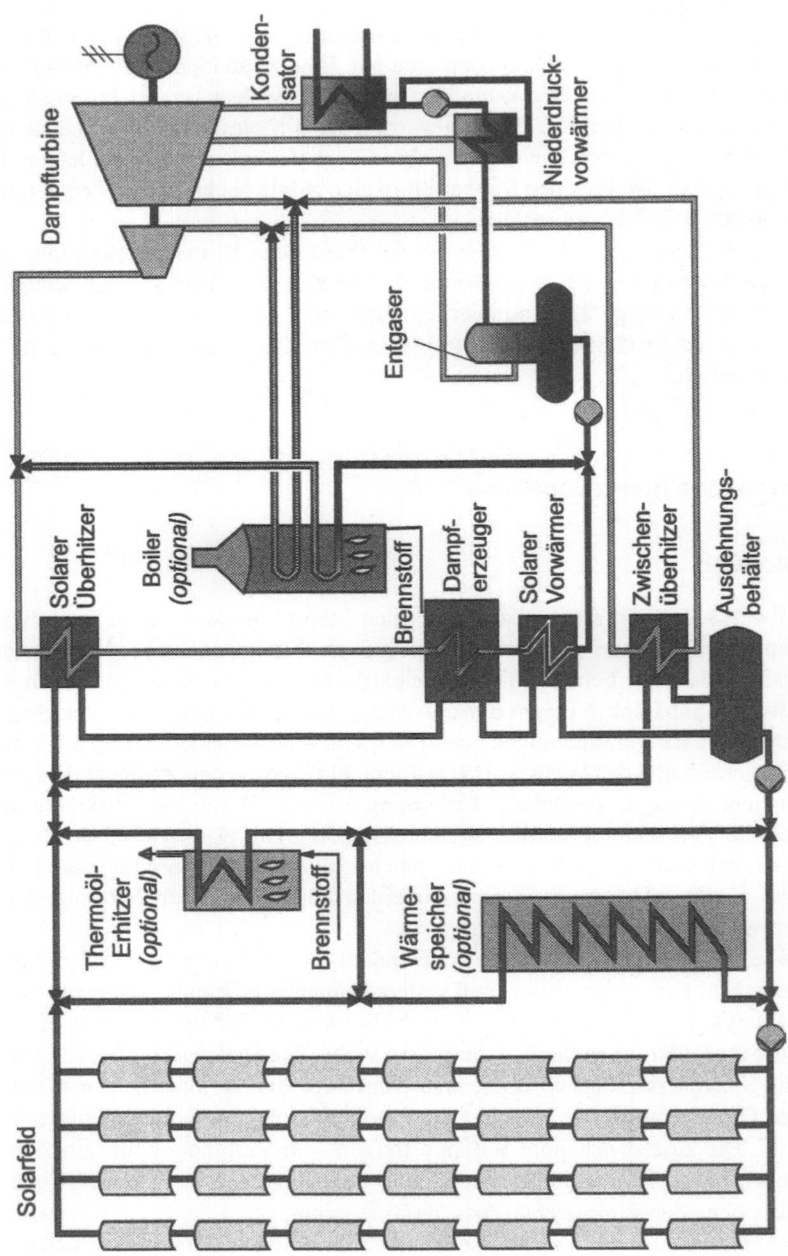

Abb. 2.11. Schema eines SEGS-Kraftwerks mit Speicher

Der Speicher kann einen signifikanten Einfluß auf das Betriebsverhalten eines Solarkraftwerks in unsteten Wetterbedingungen haben. Die Änderung der Einstrahlungsverhältnisse hat – ohne einen „Puffer"-Wärmespeicher – unmittelbare Auswirkungen auf die Turbinenleistung, da sie sich öfters in Teillast- oder in Übergangszuständen befindet. Eine Bewölkung bewirkt ein intermittierendes Einstrahlungsangebot, was die Dampfparameter so weit absinken läßt, daß die Turbine abgeschaltet werden muß, falls keine weitere Wärmequelle vorhanden ist. Vor allem könnte das morgendliche Anfahren der Anlagen verkürzt werden, da die Abkühlverluste der Nacht ausgeglichen werden könnten und eine größere Flexibilität vorhanden wäre, die Dampfparameter der Turbine zu treffen. Der Pufferspeicher verbessert insgesamt die Leistungsausbeute.

Ein größer dimensionierter Wärmespeicher kann dazu verwendet werden, die Leistung auf einen späteren Zeitpunkt als dem des Tageslichts zu verlagern. Dies ist insbesondere dann attraktiv, wenn die Netzbelastung abends am höchsten ist und die Stromerzeugung dieses Kraftwerks in diesen Hochtarifzeiten stattfindet, um die Einnahmen zu erhöhen.

Der Wärmespeicher könnte aber auch Brennstoff einsparen, falls zugleich das Solarfeld vergrößert wird, und die Menge rein solar erzeugten Stroms vergrößern. Dies ist bei einer längeren Turbinenlaufzeit (Benutzungsdauer über 2000 Stunden im Jahr) möglich, die wiederum aus wirtschaftlichen Gründen erwünscht sein könnte. Hier ist das Solarfeld überdimensioniert, und seine überschüssige Energie kann so während des Tages gesammelt und gespeichert werden, damit die Zeitspanne der Stromproduktion verlängert werden kann.

Die wichtigste Auslegungsgröße ist die Kapazität des Speichers, wobei sie von dem Standort (Einstrahlungsverhältnisse), dem System und den Anforderungen des Betriebsszenarios (Lastabdeckung) abhängen. Die genaue Größe muß mit einer Jahressimulation mit stündlichen Wetterdaten und betrieblichen Anforderungen mit anschließenden ökonomischen Berechnungen bestimmt werden. Abschätzungen zur optimalen Größe aus anderen Technologien, wie zum Beispiel der Turmtechnologie, sind mit ihren Parametrisierungen wie „solar multiple" und Speicherstunden nicht übertragbar, da die Outputcharakteristik der Heliostatenfelder gänzlich verschieden ist. Das betrifft sowohl den Tages- als auch den Jahresgang, wobei die Parabolrinnen einen gleichmäßigen Ausstoß über den Tag haben, wodurch der Speicher nicht so dringend ist. Zudem sind die Temperaturverhältnisse sowie die Materialien gänzlich anders.

Auch wenn die Emissionen des Kraftwerkes zunehmen, ist – wenn die fossilen Brennstoffe verfügbar sind – eine Zusatzfeuerung zur Zeit meistens die kostengünstigere Option zur sicheren Deckung des Strombedarfes. In einigen Regionen allerdings könnten die dort vorherrschenden Randbedingungen wie hohe Brennstoffkosten Bedarfsspitzen am frühen Abend oder Umweltauflagen die Entscheidung der Konfiguration zugunsten von Wärmespeichern beeinflussen.

Die SEGS-Anlagen wurden für das Abdecken von Spitzenlasten ausgelegt und liegen an einem Standort mit sehr wenig Wolkendurchgängen. Das dortige EVU, die Southern California Edison (SCE), hat im Sommer, bedingt durch Klimaanlagen, einen starken Strombedarf am Nachmittag und am Abend – die Aufgabe des Zusatzfeuerungssystems ist es, eine verfügbare Kapazität in diesen Zeiten sicherzustellen. Für die SEGS-Anlagen, alles unabhängige Stromerzeuger (IPP Projekte), besteht – durch die hohen Erlöse zu Spitzenlastzeiten – lediglich ein wirtschaftlicher Anreiz, die Kapazität in diesen Zeiten zur Verfügung zu stellen. Die Anlage SEGS I war mit einem großen thermischen Speichersystem ausgestattet, das einen dreistündigen Vollastbetrieb des Kraftwerkes ermöglichte. Die folgenden Anlagen verwendeten jedoch erdgasgefeuerte Dampferzeuger statt Wärmespeichern, die bei den vorherrschenden Bedingungen sowohl verläßlicher und flexibler als auch kostengünstiger zum Erfüllen der Sommerspitzen waren. Die Kollektor- und Systemtechnik hatte Fortschritte zu höheren Wirkungsgraden, höheren Auslaßtemperaturen und verbesserten Dampfparametern gemacht, die einen Speicher verteuerten und gleichzeitig die Stromausbeute aus Erdgas erhöhten. Vom Standpunkt der Umwelt aus gesehen, ist der thermische Speicher natürlich eine attraktive Variante, die außerdem einen flexibleren Kraftwerksbetrieb zuläßt, wenn ausschließlich Solarenergie als Wärmequelle zum Einsatz kommen soll.

2.2.7.2
Technische Optionen für Wärmespeicher

Der Wärmespeicherung kann als Prinzip sowohl fühlbare als auch latente beim Phasenübergang auftretende Wärme (Schmelzvorgang oder Verdampfung) zugrunde liegen. Ändert sich beim ersten Prinzip die Temperatur des Speichermediums, wird beim zweiten Wärme bei konstant bleibender Temperatur abgegeben oder aufgenommen. Viele Stoffe und Stoffkombinationen wurden untersucht, ob sie sich als Wärmespeichermedium eignen; einen Überblick darüber gibt es in der Literatur für verschiedene Ausführungen, Materialien und Temperaturbereiche.

Neben dem reinen Materialpreis spielen die Materialeigenschaften, die Wärmekapazität (der tatsächlich nutzbare Wert, bezogen auf gespeicherte thermische Kilowattstunden) und die Dichte (für die Größe des Speicherbehälters) eine wichtige Rolle. Des weiteren ist auch eine gute Wärmeleitfähigkeit wünschenswert, da der Wärmeaustausch zwischen dem Speichermedium, also aus seinem Volumen, und dem Arbeitsmedium dann verbessert wird. Schließlich ist aus technischer Sicht für ein Konzept der Speicherwirkungsgrad von einem Lade- und Entladezyklus entscheidend, da er angibt, wieviel der eingebrachten Wärme tatsächlich beim Entladen genutzt werden kann. Der Eigenverbrauch zum Pumpen der Flüssigkeit durch den Speicher muß dabei eingerechnet werden.

Aufgrund der maximal zulässigen Temperaturen des Thermoöls ist für die Parabolrinnenkraftwerke derzeit lediglich der Bereich bis ca. 400 °C interessant; auf der anderen Seite kann die Dampfturbine nicht mit Temperaturen unter 260 °C arbeiten. Damit ist der Temperaturbereich festgelegt, und durch diese Randbedingung verändert sich die theoretische Reihenfolge der kostengünstigen Speichermaterialien: Keramische Materialien können ihren weiten Temperaturbereich nicht ausnutzen und eignen sich eher für Hochtemperaturanwendungen wie z.B. Solar-Turmkraftwerke. Reiner Stahlguß ist zu teuer. Von den festen Stoffen haben allein Stahlbeton und Salz (NaCl) akzeptable Kosten und Wärmekapazitäten aufzuweisen, wenn auch eine schlechte Wärmeleitfähigkeit in Kauf genommen werden muß.

Bei den flüssigen Medien kommt das bei SEGS I verwendete Mineralöl für den heute benötigten Temperaturbereich nicht in Betracht, da es nur bis 316 °C zu verwenden ist. Es bleiben Öle, die teuer sind und Salze, die eine hohe Erstarrungstemperatur aufweisen, und somit geheizt werden müssen, um pumpfähig zu bleiben, sowie Korrosionsprobleme mit sich bringen.

Ein Speicher mit 2 Medien – eins für die Speicherung und das andere für die Wärmeübertragung – lohnt sich generell nur, wenn das Speichermaterial wesentlich kostengünstiger ist als das Material für das Transportmedium.

Wenn Schmelzwärme, die meist sehr groß ist, zur Speicherung ausgenutzt wird, ergeben sich geringe Bauvolumina und -größen mit dementsprechend weniger Materialaufwand. Die technische Ausführung der Latentwärmespeicher ist komplex, und bisherige Versuche deuteten auf eine Leistungsverschlechterung nach wenigen Ladezyklen hin. Für Parabolrinnenkraftwerke würde sich ein Kaskadenwärmetauscher, ein System mit verschiedenen hintereinander geschalteten Einheiten mit z.B. $NaNO_3$ und KNO_3 (Schmelztemperaturen zwischen 308 und 333 °C) aus Kostengründen gut eignen. Die Latentwärmekonzepte haben sehr hohe theoretische Ausnutzungsgrade, ein Problem ist jedoch der Phasenwechsel mit der einhergehenden Veränderung der Stoffeigenschaften wie der Dichte. Ein kommerzieller Einsatz muß durch umfangreiche Tests noch bewiesen werden. Außerdem wird im Primärkreislauf ein Trägermedium verwendet, das Wärme über die Temperaturerhöhung speichert.

Der Ausnutzungsgrad ist eine weitere Größe bei der Bewertung des Speicherkonzepts; er ergibt sich aus den Stoffwerten und der Auslegung. Während also eine Temperaturdifferenz zwischen dem Wärmeträgermedium und dem Speichermedium existieren kann (falls diese nicht identisch sind) gibt es darüber hinaus noch einen möglichen Temperaturgradienten im Speichermedium selbst. Dieser ist in einem System aus einem Medium und 2 Tanks nicht vorhanden, da das gesamte Fluid auf die Speichertemperatur gebracht und somit ausgenutzt wird. Bei einem Speicher mit festem Medium kann der Wärmeleitwiderstand die volle Ausnutzung des Materials verhindern, so daß die potentielle Kapazität die praktisch nutzbare um das 2–3 fache übersteigt.

In früheren Studien wurden Kosten für Speichersysteme ermittelt, die Werte von 25–50 USD/kWh$_{th}$ oder 65–130 USD/kWh$_{el}$ erreichten; ein Pufferspeicher von etwa einer Stunde wäre für 2–3 % der Investitionssumme zu haben. Der Wert eines Pufferspeichers könnte sich leicht aus der Annahme herleiten, daß er durch Vermeidung von Turbinenstillstand und -teillast bis zu 5–10 % Leistungsverbesserung bringt (bei dementsprechenden Standorten auch bis zu 20 %). Obwohl es Rechenmodelle gibt, die bis zu einem gewissen Grad den transienten Betrieb eines Solarkraftwerks richtig abbilden und auch eine detailliertere zeitliche Auflösung als den von einer Stunde ermöglichen, gibt es zu deren Verifizierung nicht genügend Daten aus einem echten kommerziellen Betrieb. Nimmt man eine Leistungsverbesserung von 10 % bei einem Wert des Stroms von 15 Cents an, so ergibt sich mit den oben abgeschätzten Kosten eine einfache Amortisationszeit von 4 1/2 Jahren.

Bisher wurden zwar einige Wärmespeicherkonzepte mit einem und zwei Tanks und mit identischen oder verschiedenen Speichern und Wärmeträgermedien zu Forschungszwecken realisiert, aber nur ein einziges System wurde für eine kommerziell genutzte Anlage gebaut. Die größten Speicher waren bei SEGS I mit 120 MWh_{th} für 3 Stunden Sattdampfversorgung und Solar One mit 182 MWh_{th} installiert. Die realisierten Systeme bieten somit Konstruktionserfahrungen für zukünftige Speicher, die Kosten und Leistungsdaten sind jedoch schwer übertragbar.

2.2.7.3
Wärmespeicherkonzepte für Parabolrinnen

Im Folgenden wird von einem Stahlbetonspeicher mit eingegossener Thermoölverrohrung ausgegangen. Ein Zweitank-System mit Öl als Speichermedium würde, obwohl es in der Realisierung sehr einfach ist, nicht nur durch das kostspielige Wärmeträgeröl, sondern auch durch gut isolierte Tanks (400 °C), die unter Druck (12 bar) gehalten werden müssen, wesentlich teurer als das von SEGS I werden. Die maximal zulässige Temperatur des Mineralöls von 316 °C reicht kaum aus, um Sattdampf bei mittleren Drücken zu erzeugen. Um eine akzeptable Temperaturspreizung zu erreichen, müßte der Speicher die Speisewasservorwärmung mit übernehmen, die aber in effizienten Dampfkreisläufen regenerativ durch Turbinenanzapfungen verwirklicht wird.

Beton hat als Material einige vorteilhafte Eigenschaften: eine hohe spezifische Wärmekapazität, gute mechanische Eigenschaften, einen Ausdehnungskoeffizienten wie Stahl, das als Rohrmaterial dient, und hohen Widerstand gegen Wärmewechselbelastung. Zudem ist Beton billig und leicht verfügbar. Allerdings finden bei seiner Erwärmung einige Prozesse und Umwandlungen statt. Bei 100 °C entweichen bis zu 125 l Wasser pro Kubikmeter Beton, und ein stärkeres Aufheizen kann sogar weitere chemisch gebundene 50 l/m^3 freisetzen. Damit geht ein Gewichtsverlust einher, und die spezifische Wärmekapazität, die Leitungsfähigkeit sowie die mechanischen Eigenschaften verschlechtern sich etwas. Um diese Veränderungen so gutartig wie möglich zu halten, wurde für das Konzept Basaltzement gewählt. Stahlnägel wurden zugemischt, um Risse zu vermeiden – dadurch erhöht sich auch die Wärmeleitfähigkeit.

Die geringe Temperaturspreizung bei den SEGS-Anlagen von nur 100 K und die Verwendung des Thermoöls bis an seine thermische Grenze verringert den Spielraum des Wärmespeichers im Betrieb. So hat das Öl am Ausgang des Solarfelds maximal 393 °C Temperatur und fließt durch die Rohrschlangen des Speichers, um die Wärme auf den Beton zu übertragen. Neben der Temperaturdifferenz zur Wärmeübertragung (Grenzschicht) muß noch ein Temperaturgradient im Beton selbst überwunden werden. Der Kern des Speichermediums ist also kühler als das

Wärmeträgerfluid. Beim Entladen kehren sich diese Verhältnisse um, so daß sich die Fluidtemperatur an die des Speichermediums annähern kann, aber stets darunter bleibt. Das gilt für den Querschnitt senkrecht zur Strömungsrichtung; längs dazu besteht ebenfalls ein Temperaturgradient, da sich das Öl beim Ladevorgang abkühlt, wenn es seine Wärme abgibt. Wenn der Speicher richtig ausgelegt ist, verursacht dies aber keinerlei Verluste, da beim Entladevorgang das Öl in entgegengesetzter Richtung fließt und sich allmählich aufwärmt, bis es in den Bereich mit den höchsten Temperaturen gelangt. Eine optimale Auslegung muß allerdings Kosten, Ladevorgänge und Wärmeverluste einander gegenüberstellen. Bei den ersten Untersuchungen wurde für Berechnungen als niedrigste zulässige Speicher-Auslaßtemperatur 350 °C gewählt. Die Abmessungen sind aus Abbildung 2.12, Abbildung 2.13 und Abbildung 2.14 zu entnehmen. Der Speicher wird beim Beladen über seine Länge aufgeheizt, wodurch ein günstiges Temperaturverhalten erzielt wird.

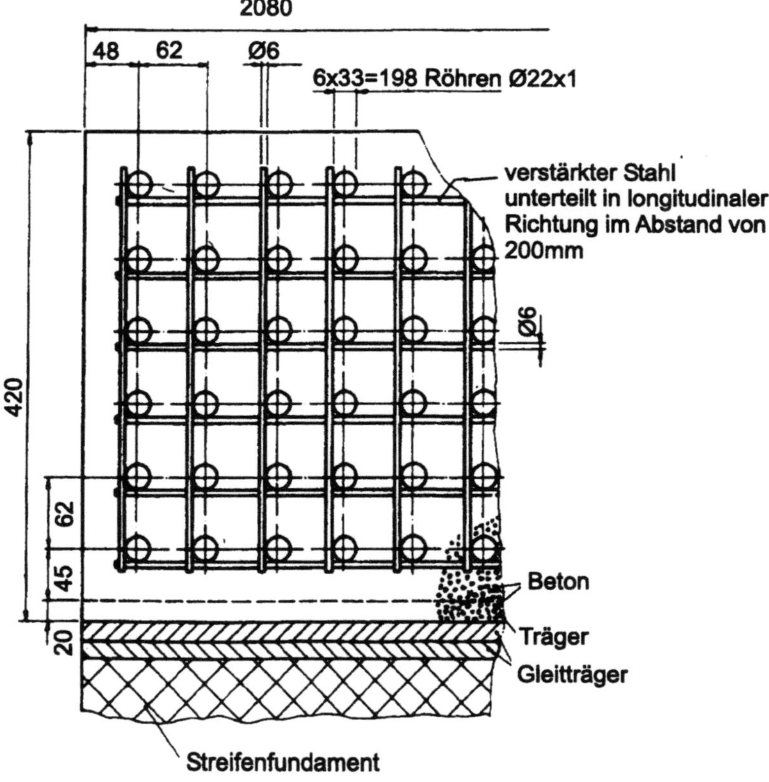

Abb. 2.12. Querschnitt eines Betonspeicherkonzepts

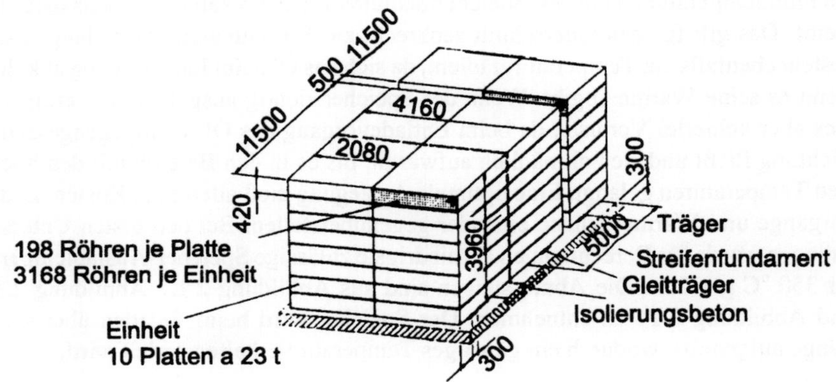

Abb. 2.13. Abmessungen eines Betonspeicherkonzepts

Die Abbildungen zeigen einen Entwurf nach einigen Optimierungsiterationen. So wurden Varianten mit zu vielen Rohrkrümmern fallengelassen, genauso wie größere Rohrdurchmesser und Rippenrohre; die maximalen Abmessungen ergeben sich aus der Transportinfrastruktur. Schließlich wurde eine schwimmende Lagerung gewählt, um die thermische Ausdehnung zu kompensieren. Alternativ könnten die Blöcke am Standort gegossen werden (80 m x 4,16 m x 0,42 m), was zu Kosteneinsparungen führen würde.

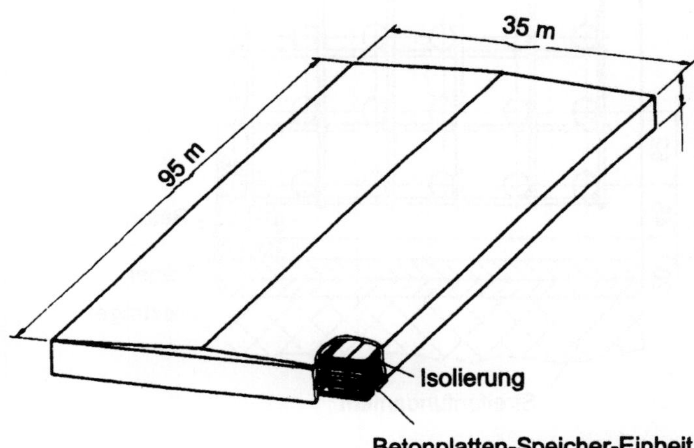

Abb. 2.14. Abmessungen eines Betonspeichers

Dieses Konzept wird als das Kosteneffizienteste angesehen, wobei die Stahlrohre gut die Hälfte der Gesamtkosten ausmachen – der Beton und das Öl stellen zu etwa gleichen Anteilen den Rest. Obwohl keine Forschung mehr nötig ist, wären noch viele konstruktive Details zu klären, um Probleme wie Wärmeausdehnung, Leckage und Gestaltung der Wärmeaustauschflächen zu optimieren.

2.3
Betrieb und Instandhaltung von Solarkraftwerken

2.3.1
Einleitung

Da die Ausrüstung (Komponenten und Baugruppen) eines Solarkraftwerks bis auf das Solarfeld mit der eines konventionellen Kraftwerks nahezu identisch ist, besteht der Betrieb und die Instandhaltung aus ähnlichen Aufgaben. Ein erfolgreicher Betrieb erfordert gut ausgebildete, fähige und motivierte Mannschaften und Aufsichtspersonal. Bei der Instandhaltung muß man vielen Details Aufmerksamkeit schenken, Routineaufgaben sorgfältig planen sowie unvorhersehbaren Problemen gut vorbereitet begegnen. Durch präventive Instandhaltung kann die Häufigkeit der Ausfälle und die Schwere ihrer Folgen verringert werden. Hierbei haben vor allem die hohen Lastzyklen durch das tägliche Auf- und Abfahren sowie die Elemente des gesamten Solarsystems neue Ansätze erfordert, mit denen erst Erfahrungen gesammelt werden mußten. Die nötigen Wartungsaufgaben konnten mit der Zeit an den gebauten Anlagen schneller und professioneller durchgeführt werden, weil die Mitarbeiter umfassend geschult und der Einkauf, die Ersatzteilhaltung und die Dokumentation besser geplant wurden. Insgesamt setzen sich die Betriebs- und Instandhaltungsmaßnahmen aus folgenden Vorgängen zusammen:
- Betrieb der Anlage rund um die Uhr; auch wenn keine Produktion stattfindet.
- Planen der Instandsetzungsmaßnahmen.
- Wartung der Standortinfrastruktur (Gebäude, Zäune, Wege, Wasserversorgung etc.).
- Aufbauen und Erhalten der verschiedenen benötigten Dienstleistungen am Kraftwerk, wie Stromliefervertrag für Stillstandszeiten, Vertrag für den fossilen Brennstoff, Versicherung, Stromabnahmevertrag (wenn unabhängiger Stromproduzent), das Einhalten der gesetzlichen Auflagen sowie das Erstellen von Berichten für Regierungsstellen.
- Projektadministration, Rechnungswesen, Personalangelegenheiten, Einkauf, Ersatzteilhaltung, Dokumentation.

Im Folgenden wird näher auf die einzelnen Aspekte des Betriebs und der Instandhaltung von Solarkraftwerken eingegangen, da sie neben den Kapitalkosten für die Investitionen den größten Teil der Stromgestehungskosten ausmachen. Sie müssen gesenkt werden, um Solarkraftwerke in Zukunft konkurrenzfähig zu machen.

2.3.2
Betrieb eines Solarkraftwerks

Betrieb und Instandhaltung der SEGS-Anlagen unterscheiden sich vor allem durch die Besonderheiten des Solarfelds und die täglichen Zyklen des intermittierenden Betriebs von herkömmlichen Anlagen. Die Instandhaltung des Solarfelds unterscheidet sich natürlich durch die Ersatzteilhaltung, die Wartungsaufgaben und das Waschen – nicht unbedingt in Ihrer Komplexität, aber durch die Vielzahl identischer (modularer) Teile, die über eine große Gebietsfläche verteilt aufgestellt sind.

Die Betriebsweise im Tagesrhythmus, die von der Stromnachfrage und dem Dargebot der Solarenergie festgelegt wird, verursacht größere Spannungen und eine höhere Lastwechselzahl bei Ventilen, Lagern, Wärmetauscherwänden und sonstigen dickwandigen Komponenten. Ein Betriebsszenario, bei dem das Solarkraftwerk ununterbrochenen läuft, stellt geringere Ansprüche an die Komponenten und den Betreiber, da weniger Transienten sowie An- und Abfahrvorgänge zu durchlaufen sind. Wenn jedoch der Strombedarf vorwiegend täglichen Solarbetrieb mit etwas fossiler Zusatzfeuerung bedingt, wechseln die Betriebsart und damit die Belastungen häufig. Auf die möglichen und wünschenswerten Betriebsarten und Betriebsszenarien wird noch später näher eingegangen. Normalerweise besteht ein Betriebstag aus Aufwärmphase, Tagesbetrieb, Abfahrphase und Nachtbetrieb.

Aufwärmmodus: Wenn die Sonne 10° über dem östlichen Horizont steht, fängt das Solarfeld an, die Strahlen einzufangen. Das Wärmeträgeröl zirkuliert dabei langsam im System, bis es die Betriebstemperatur erreicht hat, was 45–60 Minuten dauern kann. Es strömt durch die Wärmetauscher und erzeugt Dampf mit immer höherem Massenstrom und höheren Dampfparametern. Dabei muß die Solarfeldleistung so angepaßt werden, daß die Anfahrbedingungen des Dampfkreislaufs erfüllt werden – ein wichtiger Vorgang, der eine geschickte Bedienung erfordert und schon bei der Auslegung der Komponenten berücksichtigt werden muß. Sobald die Parameter den der Turbine entsprechen, wird der Generator mit dem Netz synchronisiert. An manchen Tagen dauert der gesamte Anfahrvorgang (Aufwärmen) bis zu 90 Minuten.

Tagesmodus: An einem klaren sonnenreichen Tag arbeitet die Anlage, ohne daß vom Kraftwerksleitstand eingegriffen werden muß – es werden lediglich die Betriebsbedingungen kontrolliert. Wenn die Einstrahlung zu niedrig ist und das Betriebsszenario Zusatzfeuerung erfordert, muß der Kraftwerker das Einkoppeln der mit fossilem Zusatzfeuerungssystem erzeugten Wärme in den Turbinenkreislauf steuern, um den Massenfluß aus dem Solarfeld an die neuen Bedingungen anzupassen.

Abfahr- und Nachtmodus: Das Solarfeld hört auf, die Sonnenstrahlen einzufangen, wenn die Sonne weniger als 10° über dem westlichen Horizont steht. Das Wärmeträgeröl wird noch weiter umgewälzt, so lange die Dampftemperatur und der Dampfdruck für den minimalen Turbinenbetrieb ausreichen. Wird keine fossile Zusatzfeuerung benötigt, wird die Anlage abgefahren. Falls jedoch die Stromerzeugung aufrechterhalten werden soll, wird die fossile Zusatzfeuerung eingekoppelt, so daß der Turbinenkreislauf wenig Änderung erfährt. Die Kollektoren im Solarfeld werden in die Parkposition gefahren (s.o.), und falls niedrige Temperaturen zu erwarten sind, wird regelmäßig das warme Öl aus den Sammelleitungen und den anderen Behältern in die Kollektorschleifen gepumpt, um im gesamten Solarfeld hinreichend hohe Fluidtemperaturen zu halten, um das Ausflocken des Öls zu vermeiden.

2.3.3
Instandhaltungsprozeduren in Solarkraftwerken

Die Wartung und Instandhaltung zerfällt in regelmäßig wiederkehrende Prozeduren, unregelmäßige, nicht vorhersagbare Ereignisse und eine jährliche Revision. Zusätzlich wird die Turbine alle 5–10 Jahre einer gründlichen Überholung unterzogen. Während die regelmäßigen Prozeduren, die kleine Reparaturen, Präventivmaßnahmen und Reflektorreinigung beinhalten, planbar sind, müssen die nicht vorhersagbaren Instandsetzungsmaßnahmen, die ebenfalls auftreten können, vor allem an den wichtigen Komponenten schnellstmöglich ausgeführt werden, um den Betrieb nicht zu beeinträchtigen. Umfangreichere Eingriffe werden, soweit möglich, auf die jährliche, ungefähr 5 Tage dauernde Stillstandszeit aufgeschoben, die normalerweise in der Winterzeit liegt. Die – für die hohe Anlagenverfügbarkeit nötigen – Präventivmaßnahmen erfordern eine ausreichende Instrumentalisierung, die Probleme aufzeigt, noch bevor sie auftreten. Dazu gehören Vibrationskontrolle, Temperatur- und Drucküberwachung, Infrarotkontrolle der überhitzungsgefährdeten Stellen, Leckagekontrollen, Inspektionen der Innenseiten von Turbine, Brenner und Wärmetauscher.

Um die Wartungsmaßnahmen am Solarfeld so kosteneffizient wie möglich durchzuführen, müssen vollständige Informationen[1] über den Zustand der vielen modularen Komponenten des Solarfelds vorliegen. Dadurch kann der optimale Zeitpunkt für die Maßnahmen gewählt werden: Da es zum Beispiel keinen Sinn macht, wegen einer einzelnen Komponente einen ganzen Kollektor zur Reparatur stillzulegen wird i. d. R. gewartet, bis in einer Kollektorschleife an einer Reihe von Teilen zugleich die Wartung vorgenommen werden kann. Die Kosten der Wartung müssen den Leistungseinbußen – durch ein Unterlassen der Reparatur – gegenübergestellt werden, wozu viel Erfahrung, Leistungsabschätzung und das ständige Nachhalten der Instandsetzungskosten nötig ist.

---

[1] Bei den SEGS-Anlagen in Kalifornien wurde eine Datenbank für diese Zwecke aufgebaut. Ein Arbeiter kontrolliert den Zustand der Komponenten im Solarfeld, hält ihn auf einem Laptop fest und überträgt abends diese Daten auf den Hauptrechner zur weiteren Auswertung und Planung. Diese Datenbasis liefert die Informationen über Ausfallhäufigkeiten, Wartungserfordernisse und anfallende Kosten.

Die Instandhaltung der Solarfelder sollte den Betrieb nach Möglichkeit nicht beeinträchtigen, so daß sie nachts oder an abgeschalteten Kollektoren stattfindet. Gegenwärtig sind im Durchschnitt über 99 % der Kollektoren stets betriebsbereit. In gleicher Weise sollten die Instandhaltungsmaßnahmen an Turbine und Kraftwerksblock abends oder nachts stattfinden, um die Auswirkungen auf den Betrieb zu minimieren.

2.3.4
Anforderungen an Belegschaft, Material und Betriebsstoffe

Die für den Betrieb der Anlage benötigte Personalstärke hängt von der Größe des Kraftwerks ab, und auch davon, ob die Anlage allein steht oder Teil eines Kraftwerksparks[2] ist. So können mehrere Anlagen von einem einzigen Leitstand aus gefahren werden, auch kann die Administration etwas reduziert werden. Insgesamt dürften die Personalanforderungen bei 0,5–1,5 Personen pro Megawatt elektrischer Leistung liegen.

Solarkraftwerke benötigen für Wartung und Betrieb nur einige wenige Einrichtungen mehr als herkömmliche konventionelle Kraftwerke. Die Solarfeldmannschaft ist Teil der gesamten gewöhnlich vorhandenen Instandsetzungsorganisation, jedoch ergänzt durch Fachleute für Solarfeldreparaturen und einfache Arbeitskräfte für Aufgaben wie Spiegelreinigen. Für Solarfeldreparaturen werden Mechaniker, Elektriker, Schweißer und Spezialisten für Instrumentierung und Steuerung gebraucht. Einen kleinen Überblick gibt Tabelle 2.1.

Die Aus- und Weiterbildung ist, wie in jedem anderem Kraftwerk auch, Bestandteil der Instandhaltung – die Anforderungen müssen jedoch um Solarfeld-Instandhaltung, -steuerung, Kraftwerkssteuerung im zyklischen Betrieb sowie die Belange der Wärmeträgerölanlage erweitert werden. Betriebsmannschaften, die nur Grundlastkraftwerke gesteuert haben, müssen auf die Herausforderungen eines häufigen An- und Abfahrbetriebs vorbereitet werden.

Die Betriebsstoffe bilden nur einen kleinen Teil der gesamten materiellen Anforderungen; Tabelle 2.2 gibt einen Überblick über die relevanten Aufwendungen.

---

[2] Die SEGS-Anlagen stehen in Gruppen zusammen; in Kramer Junction 5x30 MW, in Harper Lake 2x80 MW (5x80 MW waren geplant).

Tabelle 2.1. Personalbedarf bei Solarkraftwerken

Betrieb	Administration	Technische Dienste	Instandhaltung
Leitung	Betriebsleitung	Sicherheit	Leitung /Supervisor
Kontrollraumbesatzung	Einkauf	Umwelt	Werkstatt
Kraftwerker (an den Maschinen)	Lager	Konstruktionen	Werkzeuge
	Planung	Dokumentation	Tagschicht: Solarfeld Crew Nachtschicht: Reflektorreinigung

Tabelle 2.2. Sonstige Aufwendungen bei Solarkraftwerken

Kategorie	Aufwendung
Betrieb	Wasser, Chemikalien für Wasseraufbereitung, Wärmeträgeröl
Instandhaltung	Ersatzteile, Verbrauchsstoffe, Werkzeuge (Schweißen ...), Unteraufträge für Reparaturen, Fahrzeuge
Administration	Mieten, Versicherung, Steuern, Reparaturen an Versorgungseinrichtungen, Schulungsausrüstung

2.4 Integrationsvarianten solarthermischer Systeme in Kraftwerken

Solarfelder aus Parabolrinnenkollektoren liefern in erster Hinsicht Wärme und können daher sowohl technisch als auch wirtschaftlich wirkungsvoll mit Dampfkraftwerken oder mit GuD-Kraftwerken kombiniert werden. Auch die Nachrüstung ausgewählter bestehender Kraftwerke mit einem solaren Dampferzeuger ist möglich – besonders dann, wenn das Kraftwerk technisch in gutem Zustand ist, aber - wie z.B. ein Reservekraftwerk - nicht ständig benutzt wird.

Der solar erzeugte Dampf ersetzt oder ergänzt hier den mit fossilen Brennstoffen erzeugten. Der Hauptzweck des solaren Beitrages ist, Emissionen zu vermeiden, die vom Einsatz fossiler Brennstoffe herrühren und Ressourcen zu sparen. Die Kosten der Emissionsminderung, die durch den Einsatz solar erzeugten Dampfes auftreten, vermindern sich natürlich, wenn der verdrängte Brennstoff hohe Emissionen pro erzeugter Kilowattstunde Strom aufweist. Die Verdrängung des Kohleeinsatzes ist hierfür das beste Beispiel.

Die nachfolgenden Abschnitte befassen sich mit den Konzepten der Solarkraftwerke, die gegenwärtig Stand der Technik sind und geben Einblicke in die Richtungen, die untersucht werden, um die Solarfeldtechnologie weiterzuführen.

2.4.1
Solarthermische Dampfkraftwerke mit Parabolrinnentechnologie

Parabolrinnenkollektoren, die Auslaßtemperaturen von über 500 °C erreichen, sind für viele industrielle Mittel- bis Hochtemperaturprozesse geeignet, können aber genausogut für die Elektrizitätserzeugung eingesetzt werden. Hierbei versorgen die Parabolrinnen-Solarfelder ein Kraftwerk mit Dampf und nehmen die Rolle eines sonst fossilen Dampferzeugers ein (vgl. Abbildung 2.15).

Aus den Parabolrinnen-Solarfeldern heutiger Technik wird die Wärme mittels eines Zwischenkreislaufs aus synthetischem Öl (Diphenyl-Diphenyloxid) zum Kraftwerksblock transportiert (siehe Abbildungen 2.2 und 2.11). Die Temperatur des im Solarfeld strömenden Öls steigt von 293 °C am Einlaß auf 391 °C am Auslaß. Das Wärmeträgermedium strömt durch eine Serie von Wärmeüberträgern, um dort mittels Solarenergie Dampf zu erzeugen, zu überhitzen oder eine Zwischenüberhitzung vorzunehmen. Der durch das Wärmeträgermedium erzeugte Dampf treibt eine konventionelle Dampfturbine an. Nach dem Durchströmen der Wärmetauscher fließt das abgekühlte Wärmeträgermedium wieder zum Solarfeld zurück, und der Kreislauf beginnt von neuen.

So erreicht das Wärmeträgeröl zuerst den Überhitzer, der dampfseitig auf 375 °C und 104 bar ausgelegt ist, und fließt danach in den Dampferzeuger, wo Sattdampf von nominal 315 °C und 104 bar erzeugt wird, und den Vorwärmer, wo das Speisewasser bis zur Siedetemperatur aufgewärmt wird. Parallel zu dieser Kaskade fließt ein kleiner Teil des Ölmassenstroms, ungefähr 10 %, zu den Zwischenüberhitzern, die den Dampf aus der Hochdruck-Turbine bei etwa 20 bar auf 371 °C für den Einlaß in die Niederdruck-Turbine aufheizen. Die Temperatur des Öls sinkt dabei durch die Wärmeabgabe von 391 °C auf unterschiedliche Temperaturen ab, die sich zu 293 °C mischen. Der Dampf tritt in die Turbine bei nominell 371 °C ein, in den Hochdruckteil bei 100 bar und in den Niederdruckteil bei 20 bar. Diese Auslegewerte, wie sie in Abbildung 2.15 dargestellt sind, ändern sich bei Teillast der Dampfturbine je nach Betriebsstrategie, da die Turbine nach Möglichkeit in Gleitdruck gefahren wird.

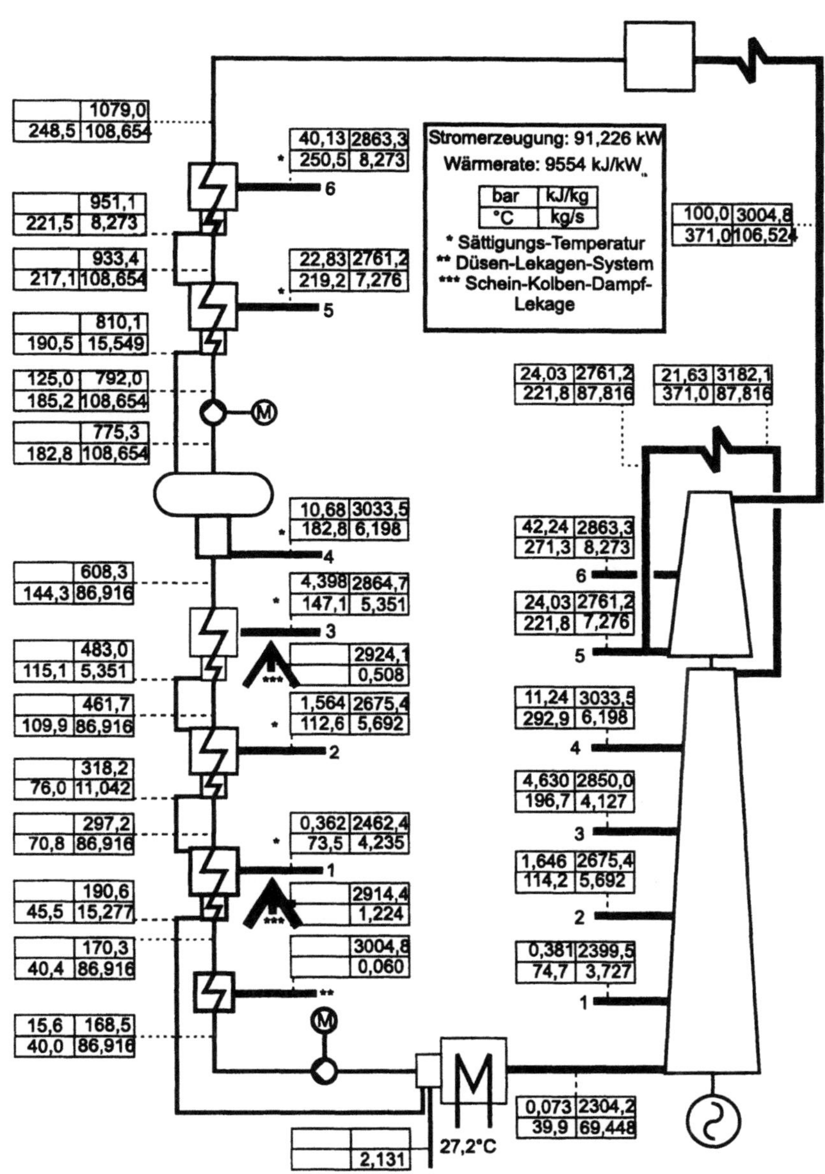

Abb. 2.15. Dampfkreislauf eines Solarkraftwerks

Der Dampfkreislauf mit Zwischenüberhitzung[3] verwendet Solarwärme als Primärenergiequelle. Der Abdampf im Kühlsystem wird wieder zu Wasser verflüssigt, zu den Wärmeübertragern zurückgepumpt und dort wieder in Dampf umgewandelt. Der Kreislauf ist mit regenerativen Speisewasservorwärmern (Turbinenanzapfungen) zur Verbesserung des Kreislaufwirkungsgrades ausgestattet. Nachfolgend werden die Komponenten der Kraftwerksblocks kurz beschrieben.

Die Turbine ist eine Kondensationsturbine mit Zwischenüberhitzung, deren Hochdruck-Hochgeschwindigkeitsteil über ein Reduktionsgetriebe mit dem eingehäusigen, einflutigen Niederdruckteil verbunden ist. Der Hochdruckdampf (100 bar) bei mittleren Temperaturen (371 °C), wird entweder vom Solarfeld, genannt Solarmodus, oder vom Wärmeträgerölerhitzer, genannt fossiler Modus, oder einer Kombination von beiden, genannt Hybridmodus, zugeführt. Der Dampf, der aus dem Hochdruckteil austritt, wird zwischenüberhitzt und in den Niederdruckteil eingespeist. Anzapfungen dienen der Vorwärmung und Entgasung des Speisewassers, das in die Wärmetauscher fließt.

Diese hocheffiziente Turbine ist für einen zuverlässigen 30jährigen Betrieb mit täglichem An- und Abfahren ausgelegt. Die Turbinengehäuse sind in der Mitte in 2 Hälften geteilt, die mit Bolzen zusammengehalten werden. Der Hochdruckteil besteht aus einer speziellen Legierung, wohingegen der Niederdruckteil eine Standardkomponente ist; beide Gehäuse werden direkt vom Fundament getragen.

Der Hybridbetrieb einer SEGS-Anlage an wolkigen Tagen oder am Abend wird durch einen fossilgefeuerten Wärmeträgerölerhitzer gesichert, der die benötigte Energie bereitstellt. Er kann auch zum Frostschutzbetrieb dienen, wenn die Sonne nicht scheint und die Umgebungstemperatur niedrig ist (da die Öle bei etwa 13 °C ausflocken). Die Energie der Sonne wird normalerweise jeden Tag bei ausreichender Einstrahlung zwischen 8:00 und 17:00 Uhr gesammelt.

Der Erhitzer ist bei einer 80-MW_{el}-Anlage in 4 Einheiten aufgeteilt, die mit Luftvorwärmung einen Wirkungsgrad von bis zu 93 % erreichen. Sie ähneln Erhitzertypen, die bei Rohölheizungen (Pipelines), Raffinerien und anderen Prozeßwärmeerhitzern Verwendung finden.

In den ersten SEGS-Anlagen wurden als fossile Zusatzfeuerung ein Dampferzeuger verwendet[4]: Beide Optionen mit Ölerhitzer oder Dampferzeuger (siehe Abbildung 2.11) sind machbar. Die Erhitzer werden bevorzugt, weil sie:

- die Wärme verringern, die beim Anfahren des fossilen Teils verlorengeht,
- den Betriebs der Anlage im Hybridbetrieb vereinfachen,
- den Wartungsaufwand verringern und die Zuverlässigkeit erhöhen,
- die Investitionskosten um fast 30 % verringern.

Gleichzeitig ziehen die Erhitzer im Vergleich zu Dampferzeugern Wirkungsgradeinbußen mit sich, die aus den niedrigeren fossilen Dampfparametern herrühren.

---

[3] Seit SEGS VI kommt eine Turbine mit einem höheren Wirkungsgrad durch Zwischenüberhitzung zum Einsatz.

[4] Erst ab SEGS VIII wurden wegen flexibleren Betriebs Ölerhitzer eingesetzt.

Über ein Jahr betrachtet, wird dieser Nachteil jedoch durch die oben genannten Vorteile aufgewogen, was zu einer besseren Kosteneffizienz beim Erhitzer führt.

Die übrigen Komponenten des Dampfkreislaufs bestehen aus konventionellen Pumpen, Wärmetauschern, Behältern, einem Schmiersystem und anderen Bauteilen, die auch sonst in Kraftwerken Verwendung finden. Bis auf die Schnittstelle zum Solarsystem, die aus Wärmetauschern besteht, ist das Kraftwerk vom Konzept her identisch mit konventionellen, rein fossil betriebenen Anlagen. Die Komponenten unterscheiden sich jedoch in ihren Anforderungen an das Betriebsverhalten, da ein solar betriebenes Kraftwerk sehr wahrscheinlich einem Betrieb mit regelmäßigen Wechselbelastungen durch schwankende Einstrahlung oder täglichen An- und Abfahrbetrieb unterworfen wird. Das Betriebsszenario kann jedoch auch einem Mittellastkraftwerk ähnlich sein, wodurch die Wechselbelastungen minimiert werden. Wenn häufige Wechselbelastungen auftreten, kann bei der Auswahl der Komponenten dementsprechend auf Lager, Ventile, Materialien und anderes geachtet werden. Es gibt hierbei keine grundsätzlichen Probleme, vielmehr handelt es sich um Randbedingungen für die Auslegung, die in die Komponentenspezifikationen eingarbeitet werden können.

Die Prozeßkontrolle im Kraftwerk wird durch ein computergesteuertes verteiltes Kontrollsystem ermöglicht. Es besteht aus einzelnen Kontrolleinheiten, die jeweils für Turbinengenerator, fossilgefeuerte Zusatzheizung und das Wärmeträgerölsystem zuständig sind. Dieses System steht mit dem Solarfeldkontrollsystem in Verbindung, um sicherzustellen, daß der Massenfluß der Wärmeträgeröls und der Solarfeldbetrieb in Einklang stehen. Falls einzelne Untersysteme im Kraftwerk schon durch den Hersteller mit einem Kontrollmechanismus ausgestattet sind, wie der Turbinengenerator oder das Wasseraufarbeitungssystem, muß dieser über eine Schnittstelle mit dem Gesamtsystem verbunden werden.

2.4.2
Solar-Gas- und Dampfkraftwerke

2.4.2.1
Einleitung

Erdgasgefeuerte konventionelle Gas- und Dampfkraftwerke (GuD) stellen aufgrund ihrer hohen Leistungsfähigkeit, niedrigen Installationskosten und niedrigen Emissionen einen sehr kostengünstigen Krafwerkstyp dar. Aus diesen Gründen und weil Erdgas in den letzten Jahren zunehmend verfügbar wurde, setzte sich das GuD-Prinzip weltweit immer mehr durch.

Das GuD-System besteht aus einer Gasturbine, einem Wärmerückgewinnungssystem und einer Dampfturbine. Der Brennstoff wird in der Gasturbine verbrannt und die heißen Abgase strömen anschließend durch das Wärmerückgewinnungssystem. Dies ist ein Wärmetauscher, in dem die heißen Gase Dampf erzeugen und überhitzen, der in einem nachgeschalteten Dampfturbinenprozeß genutzt wird. Dadurch wird das Erdgas oder ein anderer Brennstoff sehr viel effektiver genutzt, als wenn er nur in der Gasturbine verbrannt worden wäre. Moderne Kombikraftwerke erreichen einen thermischen Gesamtwirkungsgrad von 55 % oder höher. Bei diesem Kraftwerkskonzept stellt die Gasturbine zwei Drittel der Kapazität, die Dampfturbine das restliche. Die Anforderungen im Betrieb – Grundlast oder Mittellast – haben einen starken Einfluß auf die Auswahl der Komponenten, der Technologie (Druckstufen, ZÜ) und letztlich auch auf die Leistungsfähigkeit (Wirkungsgrad).

In ein GuD kann ein Solarfeld aus Parabolrinnenkollektoren integriert werden, das auch Integrated Solar Combined Cycle System (ISCCS) genannt wird. Ein ISCCS-Kraftwerk bietet einen noch höhen Wirkungsgrad, attraktive Emissionsminderungen und eine technisch sinnvolle Kombination eines Solarfeldes mit einem GuD Kraftwerk. Denn durch diese Kombination kommt es zu Synergieeffekten: So kann der Umwandlungswirkungsgrad der vom Solarfeld erzeugten Wärme in Elektrizität in einem ISCCS-Kraftwerk bis zu 10 % höher liegen als in einer SEGS-Anlage. Neben den thermodynamischen Vorteilen ergeben sich Kostenvorteile bei den Kraftwerkssystemen, die zweifach genutzt werden. Ein ISCCS-Kraftwerk wird in der Regel mit hohen Benutzungsdauern arbeiten und der überwiegende Teil der Stromproduktion wird dann aus der Verbrennung fossiler Brennstoffe stammen.

Die Einbindung eines Solarfeldes in ein GuD-Kraftwerk kann auf unterschiedliche Art und Weise erfolgen und die maximale Leistung der Dampfturbine beträchtlich erhöhen. Im Auslegungspunkt macht der Anteil der Solarenergie 30–50 Prozent der Energiezufuhr für den nachgeschalteten Dampfprozeß aus und 20–30 Prozent für den kombinierten Prozeß. Bei einem Grundlastkraftwerk mit hohen Benutzungsdauern trägt die Solarenergie über das Jahr gesehen in der Größenordnung von 10–20 Prozent zum Dampfkreislauf und 10 Prozent oder weniger zum gesamten Kombikraftwerk bei.

In allen Fällen wird die Wärmezufuhr und damit auch die Stromerzeugung erhöht. Ein Ziel der Einbindung des Solarfeldes ist es, einen sicheren und effizienten Kraftwerksbetrieb zu erreichen, auch wenn das Solarenenergieangebot in Abhängigkeit vom Wetter und der Tageszeit schwankt. Das System muß besonders sorgfältig optimiert werden, um die möglichen Wirkungsgradeinbußen, die dann auftreten können, wenn keine Solarenergie zur Verfügung steht und der nachgeschaltete Dampfprozeß in Teillast arbeitet, zu minimieren.

2.4.2.2
Integrationsoptionen

Die Parabolrinnen-Solarfelder speisen ihre Wärme in den Abhitzedampferzeuger (AHD) ein; somit ist das System mit integriertem Solarfeld kraftwerkstechnisch gleichbedeutend mit einem gefeuerten Abhitzedampfkessel. Bei der Integration muß jedoch auf die Besonderheiten des solaren Systems Rücksicht genommen werden – wie z.B. die maximale Temperatur von 400 °C, aber auch die Tatsache, daß an den Dampfkreislauf abgegebene Wärme nicht an die Umwelt verlorengeht, sondern im Solarkreislauf lediglich die Temperaturen erhöht.

Es gibt 2 verschiedene Konzepte, solare Wärme in GuD-Kraftwerke zu integrieren: Bei der ersten wird die solare Dampferzeugung parallel zum AHD geschaltet, während bei der zweiten das solare System in Serie zum AHD geschaltet wird. Bei der parallelen Variante übernimmt das solare System die Vorwärmung, Verdampfung und Überhitzung. Es muß die Frischdampfparameter der Turbine erreichen und erhöht den Dampfmassenstrom zur Turbine, wodurch es die Leistung steigert. Das Konzept hat den Vorteil, daß die Kontrolle vereinfacht wird und die Produktion flexibler ist: Das Kraftwerk kann sowohl rein solar als auch rein fossil betrieben werden, da die Dampfstränge voneinander unabhängig sind. Somit entspricht es etwa einem Verbundkraftwerk.

Der zweite Ansatz mit der seriellen Einkopplung führt zu einer Aufgabenteilung zwischen Solarfeld und AHD: Während das AHD das Wasser vorwärmt und überhitzt, übernimmt das solare System die Verdampfung. Es kann auch eine Zwischenüberhitzung stattfinden, die entweder solar oder durch das AHD gespeist wird. Dieser Ansatz ähnelt einem Kombikraftwerk.

Weitere Variationen einer Einkopplung umfassen bei Mehrdrucksystemen das Einspeisen bei hohen und niedrigen Druckstufen. Die absolute Menge des solaren Anteils im Auslegepunkt kann ebenfalls variieren. Welche Art der Einkopplung letztlich gewählt wird, hängt außer von den Maschinen selbst, überwiegend von den betrieblichen Anforderungen ab. Je nachdem, wie die Betriebsstrategie des Kraftwerks aussehen soll, kann noch eine fossile Zusatzfeuerung das Solarfeld unterstützen und Leistung sichern. Im Folgenden werden einige Beispiele für solare Einkopplungen in GuDs gezeigt, wobei jeweils die Vor- und Nachteile diskutiert werden.

ISCCS als Reservekraftwerk

Diese Variante ähnelt einem SEGS-Kraftwerk mit vorgeschalteter Gasturbine. Die Dampfturbine hat dieselben Dampfparameter wie SEGS (370 °C, 100/20 bar), denn im Normalbetrieb arbeitet das Kraftwerk rein solar, ohne die GT. Erst wenn Strom dringend gebraucht wird, wird die Gasturbine eingeschaltet, und im AHD wird das Speisewasser vorgewärmt und der Dampf überhitzt. Das solare System übernimmt die Verdampfung und Zwischenüberhitzung und ist durch ein Zusatzfeuerungssystem gestützt.

Im integrierten Betriebsmodus, wenn Solarfeld und Gasturbine ihre Leistung erbringen, stammen deshalb 60–70 % der Dampfenergie (oder 33–44 % der gesamten Leistung) aus dem solaren System, der Rest wird aus der Abwärme der Gasturbine bezogen. Das System arbeitet dann bei höherem Druck, nämlich bei ca. 130 bar, und erfüllt eine andere Funktion. Dieses Konzept wurde für Brasilien entwickelt, wo die Stromproduktion durch Wasserkraft abgedeckt wird und sich die fossile Kapazität meist in Reserve befindet und nur bei Trockenheit benötigt wird; dementsprechend ist dieser Betriebsmodus selten erforderlich. Der Vorteil dieses

Konzepts ist eine kostengünstige Einbindung, da das AHD sehr einfach ist – allerdings ist es für den reinen GuD-Betrieb nicht optimiert.

ISCCS als Grundlastkraftwerk

Falls das GuD jedoch länger am Netz bleiben soll, muß die Integration viel mehr Rücksicht auf den konventionellen Teil legen, der dann wesentlich mehr zur Stromproduktion beiträgt. Die Anlage wird durch die Parameter der Gasturbine bestimmt. Es haben sich 2 verfeinerte Auslegungsvarianten entwickelt: Der solar erzeugte Dampf kann entweder bei hohem Druck in das Wärmerückgewinnungssystem eingespeist werden oder bei niedrigerem Druck direkt in den Mittel- bzw. Niederdruckteil der Dampfturbine.

Abbildung 2.16 zeigt ein Blockschaltbild eines ISCCS-Kraftwerkes mit beiden Optionen. In beiden Varianten hat die Dampfturbine eine größere Leistung als in einem rein konventionellen Kombikraftwerk. Erfolgt die Einbindung im Wärmerückgewinnungssystem (Option A), so wird der solar erzeugte Dampf als Sattdampf eingespeist und dann durch die Abgase der Gasturbine überhitzt. Die Einspeisung des Dampfes direkt in die Turbine (Option B) erfolgt in der Regel mit Niederdruckdampf, der durch Solarenergie auch überhitzt wurde. Bei Option A gibt es noch die Möglichkeit, daß das Solarfeld nicht nur als Verdampfer sondern zusätzlich auch als Vorwärmer agiert[5].

---

[5]   Beide Optionen wurden im Rahmen des Forschungsvorhabens STEM (Solar Thermal Electricity inthe Meditinarean) gründlich untersucht.

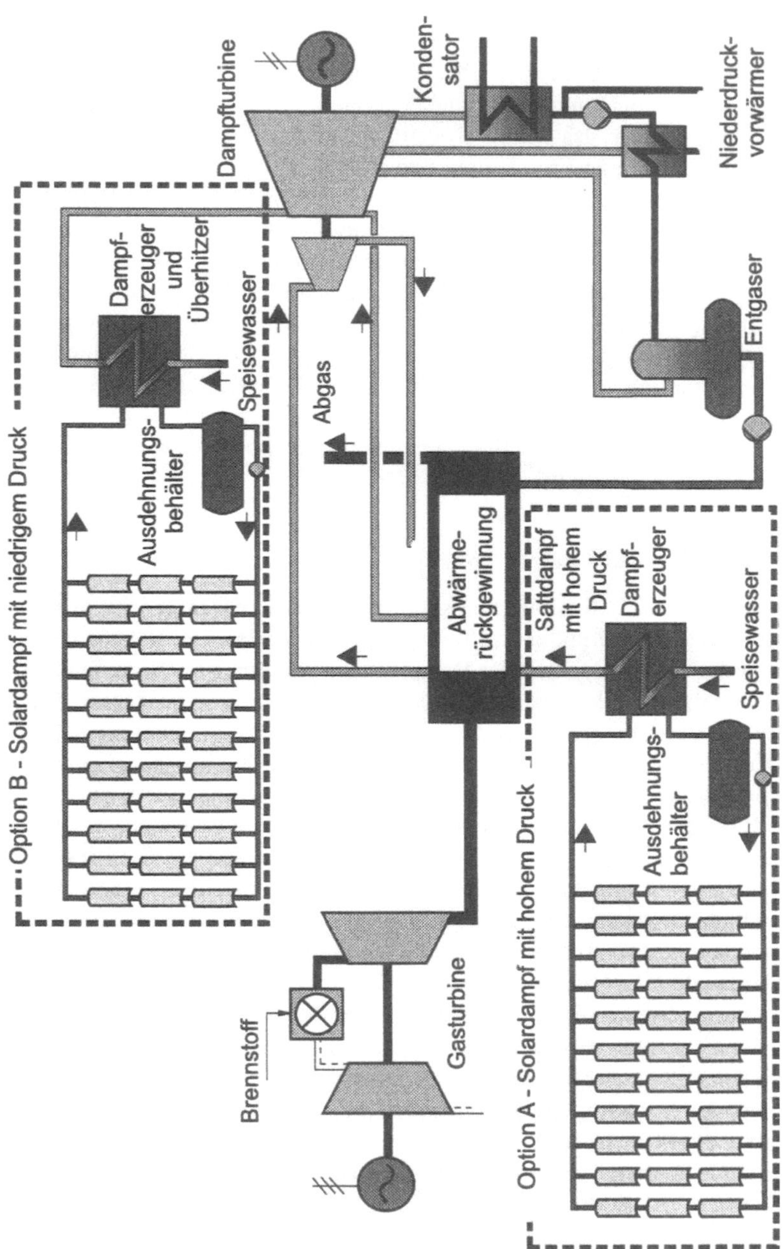

Abb. 2.16. Integriertes Solar/Gas- und Dampfkraftwerk

2.4.2.3
Vorteile der GUD-Integration

Die Vorteile der Integration eines Solarfelds in ein GuD-Kraftwerk reichen von den thermodynamischen Synergien über ein verbessertes Betriebsverhalten des Solarfelds (bei der Einbindung in ein Grundlastkraftwerk entfallen die Anfahrverluste) zu Kostenvorteilen für das solare System, da es kein eigenes Kraftwerk braucht, sondern lediglich eine Erweiterung und Vergrößerung bestehender Komponenten erfordert. Diese Modifikationen am GuD-Kraftwerk sind wesentlich kostengünstiger als eigenständige Systeme, so daß die Umwandlung der Sonnenwärme preiswert ist. Bei der Dimensionierung der Dampfturbine ist noch zu beachten, daß das GuD bei erhöhten Lufttemperaturen weniger Leistung erreicht. Die höhere Temperatur bewirkt eine geringere Luftdichte und diese wiederum einen verringerten Massenfluß. Darüber hinaus steigt die Verdichterleistung, so daß der Wirkungsgrad sinkt. Die Dampfturbine erhält weniger Frischdampf, da dem AHD weniger Energie zur Verfügung steht. Hier kann das Solarfeld sinnvoll eingesetzt werden, da es zusätzliche Wärme noch zum richtigen Zeitpunkt einkoppelt, weil die Luft durch die Solarstrahlung erhitzt wird.

2.4.3
Solarisierte Grundlastkraftwerke

Analog zu den ISCCS-Konzepten kann solar erzeugter Dampf auch in ein z.B. mit Kohle[6] gefeuertes Grundlastkraftwerk integriert werden. Der solar erzeugte Dampf kann in den Niederdruckteil der Dampfturbine eingespeist werden, ähnlich der bei dem Kombikraftwerk erwähnten Option B. Steht solar erzeugter Dampf bei hohem Druck zur Verfügung, so kann dieser auch in die Dampftrommel des kohlegefeuerten Kessels eingespeist werden, wobei die fossile Verbrennung dann die hohe Temperatur zur Überhitzung und zur Zwischenüberhitzung liefert. Ein interessanter Aspekt bei der Integration in ein Kohlekraftwerk ergibt sich dadurch, daß der solar erzeugte Dampf denjenigen ersetzen oder ergänzen könnte, der sonst durch das Verfeuern von Kohle erzeugt werden müßte. Für die spezifischen Kosten der Emissionsminderungen wäre dies von größerer Bedeutung als im Falle des erdgasgefeuerten Kombikraftwerkes mit Solarfeldintegration.

Eine weitere Option besteht darin, mit der Wärme des Solarfelds die Vorwärmung des Speisewassers zu unterstützen. Abbildung 2.17 zeigt eine Konfiguration aus einer kürzlich durchgeführten Machbarkeitsstudie für Marokko. In diesem speziellen Fall unterstützt die Solarwärme die Niederdruckanzapfungen und ersetzt komplett die Hochdruckanzapfungen. Hierbei wäre es sogar denkbar, daß das Speisewasser direkt durch das Solarfeld strömen würde, statt daß Öl in Wärmetauschern die Energie überträgt. Diese Integrationsvariante verringert die Arbeitstemperaturen im Solarfeld auf unter 230 °C, was den Solarfeldwirkungsgrad steigert, aber einen geringen Kreislaufwirkungsgrad nach sich zieht – darüber hinaus sind die solaren Anteile sehr niedrig.

---

[6]   Die Ausführungen basieren auf einer vorläufigen Untersuchung von R. Dracker, Bechtel und G. Kolb, Sandia National Labs., Albuquerque, N. M., USA

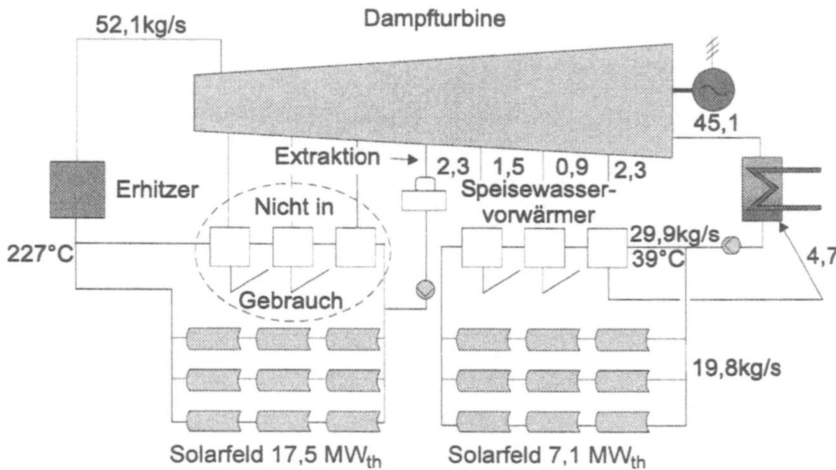

Abb. 2.17. Beispiel einer solaren Speisewasservorwärmung

2.4.4
Charakteristische Stromproduktion solarthermischer Kraftwerke

Bevor man ein solarthermisches Kraftwerk richtig analysiert, muß das Betriebsszenario festgelegt werden, das heißt, zu welcher Tages- und Jahreszeit es wie lange Strom produzieren soll. Die Zeiten, in denen elektrische Energie am dringendsten gebraucht wird, legen den Wert des eingespeisten Stroms fest. Ein Solarkraftwerk produziert nur zur Tageszeit, es sei denn, ein Wärmespeicher verschiebt oder verlängert die Stromerzeugung in die Abend- und Nachtstunden. Eine fossile Zusatzheizung sichert die installierte Kapazität zu jedem erdenklichen Zeitpunkt. Ein angemessenes Betriebsszenario für ein solar-hybrides Kraftwerk hängt von vielen Faktoren ab, die meistens durch die Stromnachfragesituation in der betreffenden Gegend bestimmt werden.

Typische tägliche und jährliche Betriebsergebnisse sind in den Graphiken der Abbildungen 2.18 bis 2.21 veranschaulicht. Für das solare Dampfkraftwerk kann der Wärmespeicher die Zeitdauer verlängern, in der die Sonne zur Energieerzeugung beiträgt, und das fossile Zufeuerungssystem kann Dampf nach Bedarf zu jeder anderen Zeit bereitstellen. In Abbildung 2.18 werden die Beiträge der Wärmequellen zur Stromproduktion über einen Tag skizziert, wobei der Speicher etwa für 3 Vollaststunden ausgelegt ist.

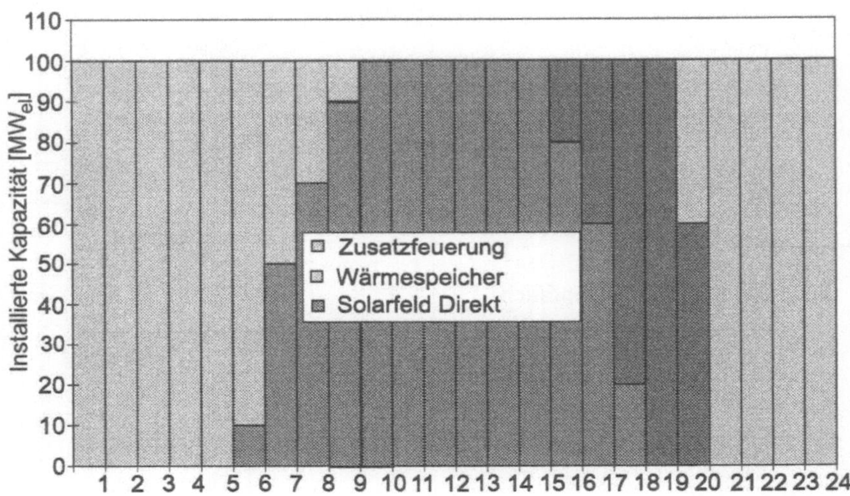

Abb. 2.18. Beispielhaftes Tages-Betriebsszenario eines solarthermischen Dampfkraftwerks

In Abbildung 2.19 werden die jährlichen Vollaststunden gezeigt, die dem einfachen solaren System, dem System mit Speicher (wobei angenommen wird, daß das Solarfeld entsprechend vergrößert ist) und schließlich dem fossilen Zusatzfeuerungssystem zuzurechnen sind.

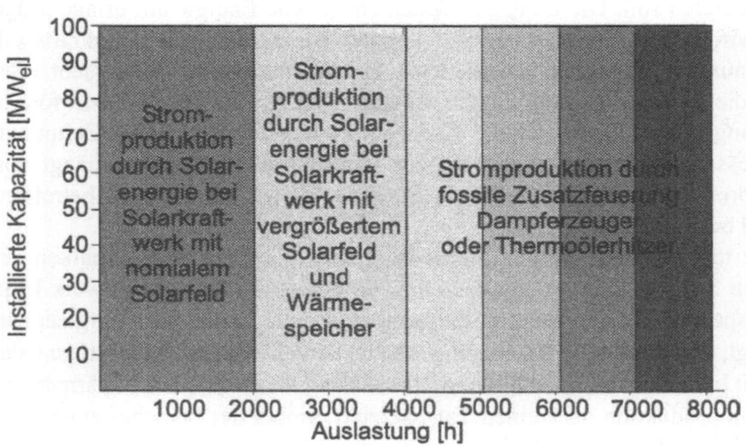

Abb. 2.19. Jährliche Produktion eines solarthermischen Dampfkraftwerks

Die ISCCS-Konfiguration unterscheidet sich grundsätzlich davon, da hierbei stets fossiler Brennstoff gebraucht wird, um die Gasturbine zu versorgen, wodurch auch die nachgeschaltete Dampfturbine mit Wärme gespeist wird. Die aktuell diskutierten Einbindungsvarianten eines Parabolrinnen-Solarfelds in ein ISCCS benötigten ausnahmslos das zum konventionellen Kraftwerksteil gehörige Abgasrückgewinnungssystem, um den solar erzeugten Dampf auf für die Turbine taugliche Parameter zu bringen. In Abbildung 2.20 ist der Beitrag der möglichen Solarsysteme in Relation zu den GuD-Anteilen über einen typischen Tag zu sehen.

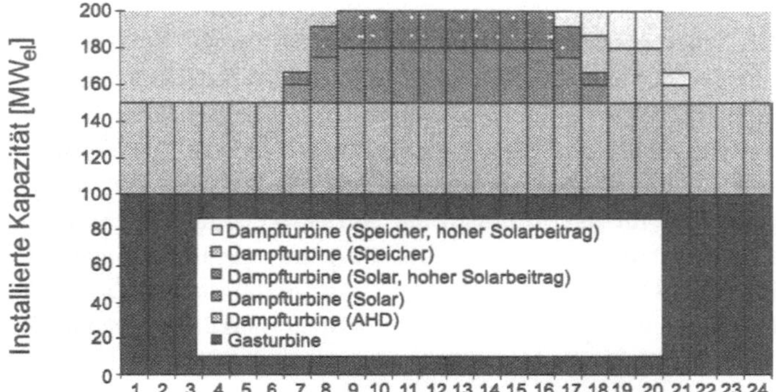

Abb. 2.20. Beispielhaftes Tages-Betriebsszenario eines integrierten Solar-GuD-Kraftwerks

Mit einer entsprechend vergrößerten Dampfturbine erhöht sich die Leistung gemäß der Einstrahlungsbedingungen; durch den thermischen Speicher wird der solare Beitrag zeitlich in die Länge gestreckt. Die Anteile der einzelnen Systeme zu den jährlichen Ergebnissen werden in der Abbildung 2.21 veranschaulicht. So erkärt sich die Begrenzung der solaren Anteile, die in der Technologie begründet sind.

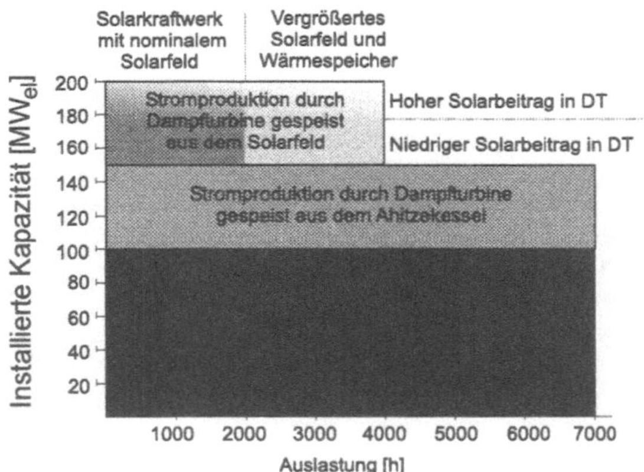

Abb. 2.21. Jährliche Produktion eines integrierten Solar-GuD-Kraftwerks

2.4.5
Kühlung

2.4.5.1
Einleitung

In trockenen Regionen, die gleichzeitig exzellente Standorte für solar-thermische Kraftwerke bieten, kann die Standortwahl eines Dampfkraftwerks durch die Verfügbarkeit von Wasser eingeschränkt sein. Es wird als Kühlwasser für einen Naßkühlturm und für den Ersatz der Verluste im Dampfkreislauf gebraucht. Solare Standorte mit See- oder Flußwasserkühlung sind selten. Eine Trockenkühlung vermag den Wasserverbrauch stark zu senken, da nur das Wasser für den Dampf- kreislauf, und – im Falle von Solarkraftwerken – die Reflektorreinigung gebraucht wird.

In einem naßgekühlten Solar-Dampfkraftwerk (SEGS-Typ) werden etwa 80 % des Wassers für die Kühlung aufgewendet, 15 % für sonstigen Kraftwerksbedarf und lediglich 5 % für das Reinigen der Reflektoren. Im Durchschnitt werden in einem Naßkühlsystem 3.2 m^3/MWh$_{el}$ für die Wärmeabfuhr verbraucht – so benötigt ein 30 MW SEGS System circa 140 m^3/h, während es mit Trockenkühlung nur 28 m^3/h benötigen würde. Vom technischen Standpunkt aus gesehen sind für solar- thermische Kraftwerke weitere Kühlsysteme möglich, wie z.B. ein Ammoniak- Kühlsystem, vom Kostengesichtspunkt sind sie jedoch dem Trockenkühlsystem unterlegen – wobei die Vor- und Nachteile sehr standortabhängig sind.

Abbildung 2.22 veranschaulicht die möglichen Parameter vom kalten Ende des Dampfkreislaufs, die jeweils mit den Kühlsystemen Frischwasser, Naßkühlturm und Trockenkühlturm erreicht werden können; die Werte variieren je nach Ort und äußeren Bedingungen.

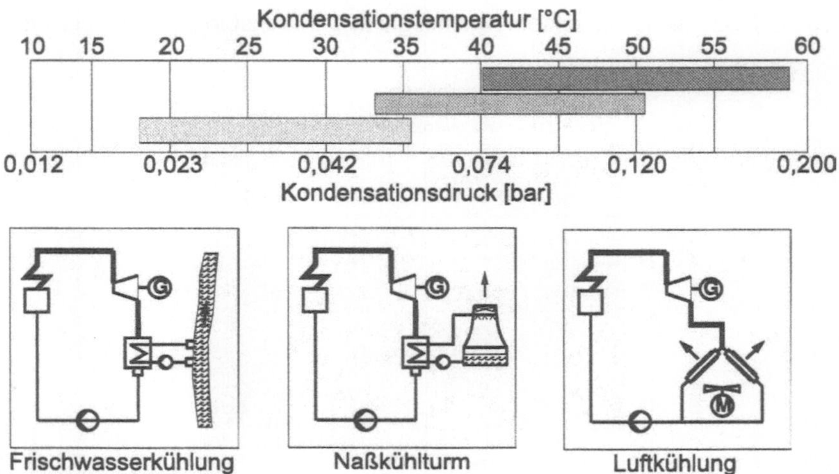

Abb. 2.22. Kühloptionen für Dampfkraftwerke

2.4.5.2
Trockenkühlung

Trockenkühlsysteme sind eine konventionelle verfügbare Technologie. Sie wurden z.B. in Südafrika für Kohlekraftwerke gebaut, da die Kraftwerke ihren Brennstoff direkt aus dem Tagebau vor Ort beziehen, so daß der Stromtransport und das Trockenkühlsystem immer noch günstiger sind als der Transport des Brennstoffs an einen Standort mit Kühlwasser. Ähnliche Verhältnisse herrschen auch bei Solarkraftwerken.

Die Wahl eines Trockenkühlsystems für ein Solarkraftwerk zieht gewisse Nachteile bei der Leistungsfähigkeit und bei den Kosten nach sich. Dampfkreisläufe sind mit sinkenden Kondensationsdrücken effizienter – die niedrigsten werden mit Frischwasserkühlung erreicht, gefolgt vom Naßkühlturm. Sobald Luft zum Kühlen verwendet wird, steigen die Temperaturen in der Wärmesenke (Kondensator), wodurch auch die Kondensationstemperaturen steigen. So erreicht an heißen Sommertagen die Luft für die Trockenkühlung in einem solarthermischen Kraftwerk Temperaturen bis 45 °C – damit steigt auch der Kondensationsdruck. Dieser Kondensationsdruck muß Werten von 0,07–0,08 bar (Naßkühlturm) aus den SEGS-Kraftwerken gegenübergestellt werden.

So erfordert die Trockenkühlung eine andere Turbinenbauart für höherem Kondensationsdruck, der z.B. im Auslegepunkt 0,14 bar beträgt und maximal 0,3 bar erreichen kann. Der Wirkungsgrad des Kreislaufs mit Trockenkühlung sinkt, verglichen mit einem Naßkühlturm, um etwa 4 %. Darüber hinaus weist die Trockenkühlung aufgrund der großen Mengen Luft, die auf die Kühlrippen geblasen werden müssen, im allgemeinen eine höheren Eigenverbrauch auf als ein Naßkühlsystem. Dadurch sinkt der Nettowirkungsgrad weiter ab.

Zusammenfaßt weist die Trockenkühlung einen wesentlich reduzierten Wasserbedarf, reduzierte Kosten für Wasser und das Wasseraufbereitungssystem, höhere Investitionskosten, einen niedrigeren Wirkungsgrad und einen erhöhten Eigenverbrauch durch das Luftgebläse auf.

2.4.6
Standort- und Konfigurationsproblematik solarthermischer Kraftwerke

2.4.6.1
Standort

Die Auswahl des Standorts beeinflußt nicht nur die Leistungsfähigkeit der Parabolrinnen-Solarfelder, sondern hat auch Folgen für den konventionellen Teil und wirkt sich auf die Kosten aus. Der Vorteil der solarthermischen Solarkraftwerke, gängige Kraftwerkstechnologie in großen Leistungseinheiten zu nutzen und fossil zufeuern zu können, bringt auch weitere Randbedingungen mit sich: Die „konventionellen" Belange müssen bei der Standortwahl mit berücksichtigt werden. Sobald Strom im solar-hybriden Modus erzeugt wird, also entweder von der Sonne allein, vom fossilen System oder von einer Kombination von beiden, und das Kraftwerk auch bei schlechten Wetter oder nachts produziert, verlagern sich die Standortanforderungen.

Das Solarfeld benötigt eine hohe Solarstrahlung und einen geographisch günstigen (möglichst äquatornahen) Standort, um möglichst viel Wärme einzusammeln, sowie eine möglichst ebene Fläche, günstige Bodenbeschaffenheit (Baugrund – kein Fels oder weichen Sand) und niedrige Grundstückspreise, um wirtschaftlich errichtet werden zu können. Das Kraftwerk selbst braucht Wasser zum Kühlen und für den Betrieb, Anschluß an das elektrische Hochspannungsnetz und eine gute Infrastruktur wie Zugangswege und die Nähe zu Arbeitskräften. Die fossile Zusatzfeuerung benötigt noch den Brennstoff mit Transport- und eventuellen Lagermöglichkeiten, und die Gasturbine wird durch die geographische Höhe des Standorts beeinflußt. Die Stromnachfrage bzw. das Betriebsszenario, das sich daraus ergeben kann, übt ebenfalls Einfluß auf die Kraftwerkskonfiguration aus.

Generell müssen an einem solaren Standort folgende infrastrukturelle Anforderungen eines Kraftwerks erfüllt werden:
- Hohe solare Einstrahlung
- Wasser für Kühlung des Dampfkreislaufs, Reflektorreinigung und Ergänzung des Speisewassers
- Nähe zu einem Netzanschluß mit ausreichender Kapazität
- Verfügbare Landfläche zu annehmbaren Kosten und akzeptablen topographischen und geologischen Charakteristiken
- Verfügbarkeit eines Brennstoffs für Zufeuerung
- Gute Infrastruktur für den Transport
- Verfügbarkeit von Arbeitskräften

Die meisten dieser Kriterien sind selbsterklärend; gibt es einen Elektrizitätsbedarf in einer Gegend mit guter Solareinstrahlung (Savannen und Wüsten sind am besten), so wird ein Standort gesucht, der die oben genannten Kriterien erfüllt, wobei meist ein Kompromiß geschlossen werden muß. Kostengesichtspunkte werden herangezogen, um den optimalen Standort herauszufinden. So hat man sich zum Beispiel in Studien für ein Solarkraftwerk in Marokko zuerst auf die Standorte im Süden konzentriert, wo die Einstrahlung am höchsten war, und später die nördlichen Gebiete in Betracht gezogen, wo die Einstrahlung zwar geringer, die Infrastruktur, insbesondere durch die Nähe zur Gaspipeline, mehr Flexibilität hinsichtlich der Kraftwerksoptionen bietet.

2.4.6.2
Emissionen

Eine vergleichende Kostenbewertung zwischen solarem Dampfkraftwerk und GuD zeigt, daß beide Typen der Solarkraftwerke im Hinblick auf die Emissionsvermeidungskosten gleichwertig sind. Die Auswahl der geeigneten Kraftwerkskonfiguration für eine vorgegebenen Anwendung wird deshalb mehr zu einer Frage der

Brennstoffverfügbarkeit und des Betriebsszenarios. Wenn Erdgas in ausreichender Menge zur Verfügung steht und ein Kombikraftwerk die günstigste Konfiguration für ein rein fossiles Kraftwerk wäre, so käme diese Konfiguration auch für ein Kraftwerk mit einem integrierten Solarfeld in Betracht. Analog dazu würde ein Kraftwerk vom SEGS-Typ ausgewählt, wenn Schweröl oder Kohle als lokaler Brennstoff zur Verfügung steht und ein reines Dampfkraftwerk die beste Option darstellt.

2.4.6.3
Kraftwerksgröße

Solarkraftwerke mit Parabolrinnenkollektoren – die SEGS-Anlagen – wurden bisher mit Nettokapazitäten von 14–80 MW_{el} errichtet, und es gibt Konzepte für Anlagen bis 200 MW_{el}. Generell gilt, daß ab einer Größe von 30 MW annehmbare Kosten erzielt werden können, aber größere Anlagen profitieren von der Kostendegression, so daß sie ökonomisch attraktiver sind. Wird ein Solarfeld mit einem GuD-Kraftwerk in einer „ISCCS"-Konfiguration gekoppelt, werden Kapazitäten des gesamten Kraftwerks von weit über 200 MW erreicht, ohne jenseits des bisherigen Erfahrungshorizonts mit Solarfeldern zu geraten. Die Auswahl der geeigneten Kraftwerksgröße an jeden Standort hängt natürlich von den Kapazitätsanforderungen und der Netzstruktur in dieser Gegend ab.

2.4.6.4
Optionen bei Untersystemen

Die verschiedenen Optionen der Untersysteme (z.B. Kühlung) eines Kraftwerks haben zweitrangige Auswirkungen auf die Kosten und die Leistungsfähigkeit und werden durch den Standort vorgegeben. Die Wahl der Untersysteme in vorangegangenen Projekten und Studien wurde – soweit eine Freiheit diesbezüglich bestand – vorwiegend durch die Ökonomie und die Einfachheit der Konstruktion geprägt.

Kühlsystem: Durchlaufkühlung (Seewasser/Fluß) ist das kostengünstigste System, Naßkühlung (Verdampfungsprinzip) ist eher landeinwärts üblich. Ein Trockenkühlsystem wird durch Wasserknappheit oder Umweltauflagen am Standort notwendig und zieht erhöhte Kosten sowie eine geringere Leistungsfähigkeit des Kreislaufs nach sich.

Fossile Zusatzfeuerung: sowohl ein Boiler/Dampferzeuger, der die Dampfturbine parallel zum solaren System (Solarfeld, Wärmetauscher etc.) direkt mit Dampf versorgt, als auch ein Wärmeträgerölerhitzer (Heater), der das Wärmeträgeröl parallel zum Solarfeld erhitzt, stellen annehmbare Lösungen dar. Die Entwicklung der SEGS-Anlagen in Kalifornien hat zuletzt zu der Anwendung des Wärmeträgerölerhitzers geführt, der gewisse Vorteile beim Anfahrverhalten sowie in der gesamten Leistungsfähigkeit aufweist.

Thermischer Speicher: In Gegenden, wo ein stetiger Bedarf an elektrischer Energie am frühen Abend herrscht, bietet die Speicherung der solarthermischen Energie eine interessante Option für die Kraftwerkskonfiguration. So wird der Speicher dazu verwendet, die Energieabgabe in die Abendstunden zu verlagern, oder – in Zusammenhang mit einem vergrößerten Solarfeld – die überschüssige Wärme über den Tag aufzunehmen und abends dem Kraftwerksbetrieb durch Speicherentleerung aufrechtzuerhalten. Die letzte Option erhöht die Benutzungsdauer/Vollaststundenzahl, ohne daß fossiler Brennstoff verbraucht wird. Große Wärmespeicher für solare Dampfkraftwerke wurden entworfen, aber bisher nicht in einer kommerziellen Anlage verwirklicht. Wo fossiler Brennstoff verfügbar oder (durch Umweltauflagen) zulässig ist, bietet die Zusatzfeuerung eine kostengünstigere Option, um die Auslastung zu erhöhen und die Netzanforderungen zu erfüllen.

Stromnachfrage und Betriebsstrategie von Solarkraftwerken: Die Wahl der Kraftwerkskonfiguration und die Wirtschaftlichkeit des Kraftwerks hängen sehr stark von den betrieblichen Anforderungen ab, wie und wann das Kraftwerk Strom erzeugen soll. So können solarthermische Kraftwerke dazu konzipiert werden, in Gebieten, wo höchstens Netzbelastungen mit der Solareinstrahlung (mehr oder weniger) zusammenfallen, diese Spitzenlasten abzudecken. Sie können aber ebenfalls Mittellast oder Grundlast erzeugen, indem sie eine fossile Zusatzfeuerung benutzen – in einem ISCCS eine Gasturbine. Mehrere dieser Betriebsszenarien sollten in einer technisch-ökonomischen Studie eingearbeitet werden, um die Variationen der Ergebnisse in Abhängigkeit der Betriebsanforderungen zu zeigen.

2.5
Beispiel Kalifornien

Zwischen 1984 und 1991 wurden in der Kalifornischen Mojave-Wüste 9 solarthermische Kraftwerke mit Parabolrinnenkollektoren gebaut, mit einzelnen Kapazitäten von 14–80 MW_{el}. Projektentwickler, Konstruktionsbüro, Bauherr und Betreiber dieser bisher größten Solarkraftwerke, genannt SEGS (Solar Electric Generating Systems) war die Firma LUZ International. Die folgenden Abschnitte skizzieren kurz die Entwicklung mit den Erfahrungen und Erfolgen, die als Ergebnis der vorgegebenen Bedingungen in Kalifornien zu sehen sind.

2.5.1
Evolution der SEGS-Anlagen

Die SEGS-I-Anlage besteht aus 82960 m^2 Aperturfläche, die komplett aus Kollektoren der ersten Generation, LS-1, besteht. Diese heizen ein mineralisches Wärmeträgeröl auf, das wiederum einen Dampferzeuger durchströmt und Dampf von 35,3 bar für einen konventionellen Dampfkreislauf erzeugt. In diesem System wird die Energie aus dem Solarfeld zum Vorwärmen und Verdampfen des Speisewassers verwendet, während ein Erdgasbrenner den Dampf auf 415 °C überhitzt. Das System ist mit einen thermischen Speicher ausgestattet, der für nahezu 3 Stunden

Vollastbetrieb der Turbine ausreicht, und aus 2 großen Tanks – kalt und heiß – mit je 3,220 m^3 Kapazität besteht. Abbildung 2.23 zeigt ein schematisches Flußdiagramm der SEGS-I-Anlage, die 1984 ans Netz ging.

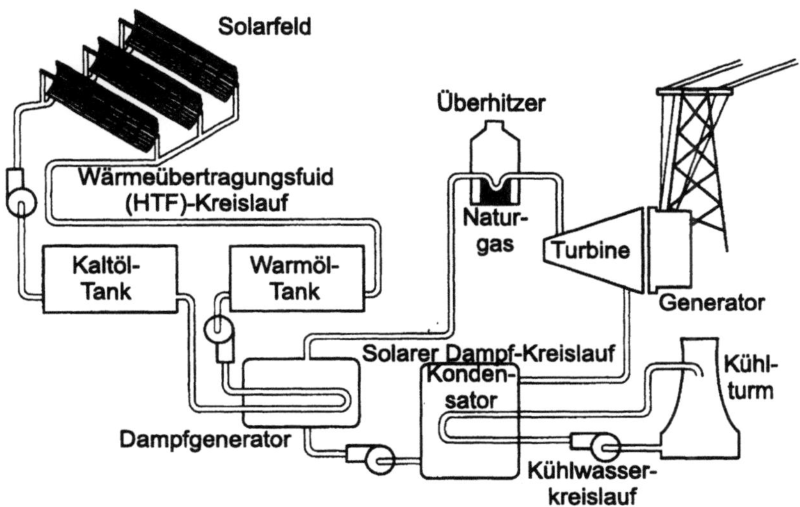

Abb. 2.23. Schematisches Flußdiagramm der SEGS-I-Anlage

Die Arbeit an SEGS II begann 1985. Das Solarfeld bestand sowohl aus LS-1- und der nächsten Generation LS-2-Kollektoren (siehe Tabelle 2.4), und die Anlage hatte bereits 30 MW$_{el}$, was vom Gesetz her das Maximum war. Die SEGS-II-Anlage führte eine wichtige Änderung im Konzept der SEGS-Technologie: Ein Dampferzeuger wurde hinzugefügt und parallel zum Solarfeld geschaltet. So konnte die Turbine entweder mit dem Dampf des Solarfeldes oder dem des erdgasgefeuerten Dampferzeugers beschickt werden. Dieses Konzept der wahlweise fossilen Energiequelle wurde bei allen weiteren SEGS-Anlagen beibehalten, denn ein hybrides Kraftwerk hat klare Vorteile: Eine solche Anlage hat das Potential, bei allen Wetterbedingungen mit geringer Solarstrahlung – wie z.B. bei Regenwetter oder bei Nacht – betrieben zu werden und stellt für jeden beliebigen Bedarf eines Energieversorgers eine zuverlässige Kapazität dar. Durch ein Bundesgesetz (FERC, U.S. Federal Energy Regulatory Commission) wurde die durch Erdgas zugeführte Energie auf 25 % des gesamten effektiven Wärmeeintrags im Jahr beschränkt.

Die Entwicklung der SEGS-Technologie machte während des Entwurfs, Baus und des Betriebs der SEGS-Anlagen, der heute noch weitergeht und so den Erfahrungsschatz ständig erweitert, schnelle Fortschritte. LUZ suchte ständig die Zuverlässigkeit zu steigern, die Kosten zu senken und die Leistungsfähigkeit zu erhöhen; so wurden in dieser Zeit 3 verschiedene Kollektorgenerationen entwickelt. Während dieser Entwicklungsschritte, die am besten als evolutionärer Fortschritt zu bezeichnen sind, ergaben sich auch Änderungen an der Konfiguration der Kraftwerksanlagen, Untersysteme und Komponenten.

LUZ enwickelte die 30-MW_{el}-SEGS-Anlagen im Jahresturnus. Die Tabelle 2.3 faßt die wesentlichen Daten der Anlagen zusammen. Mehrere Faktoren trugen zu den Fortschritten in der Kollektor- und Anlagenleistungsfähigkeit bei, als die Anlagen von SEGS III bis SEGS VII entwickelt wurden. Die Verbesserungen in der Kollektor-Technologie führten zu höheren Auslaßtemperaturen, die wiederum bessere Dampfkreislaufwirkungsgrade ermöglichten.

Tabelle 2.3. Grunddaten der SEGS-Anlagen I-IX

Anlage	Jahr der In-betrieb-nahme	Install. Kap. [MW_{el} netto]	Solar-feld Auslaß Temp. [°C]	Solar-feld Fläche [m^2]	Turbi-nenwir-kungs-grad [%], Solar	Turbi-nenwir-kungs-grad [%], Erdgas	Geplante Jährl. Strom-produktion [MWh]
I	1985	13.8	307	82960	31.5	--	30100
II	1986	30	316	190338	29.4	37.3	80500
III/IV	1987	30	349	230300	30.6	37.4	91820
V	1988	30	349	250560	30.6	37.4	92780
VI	1989	30	399	188000	37.5	39.5	90850
VII	1989	30	399	194280	37.5	39.5	92646
VIII	1990	80	399	464340	37.6	37.6	252750
IX	1991	80	399	483960	37.6	37.6	256125

Die Anlagenkapazitäten waren zuerst durch Bundesgesetze (PURPA Kraftwerke) auf 30 MW_{el} netto begrenzt. Im Jahre 1989 wurde diese Regelung aufgehoben, und so wurde der Weg frei für die Entwicklung der 80-MW_{el}-Anlagen, bei denen größenbedingte Kosteneinsparungen verwirklicht werden konnten. Weitere Kostensenkungen wurden durch die Planung eines Kraftwerksparks von fünf 80 MW_{el}-Anlagen an einem Ort verwirklicht, mit gemeinsamen Einrichtungen für Netzanbindung, Feuerwehr, Leitstelle, Administration und Wasserversorgung und -aufbereitung.

Während das technologische Wissen und die Erfahrung wuchsen, wurden die Kosten durch größere Einheiten, bessere Leistungsfähigkeit und effizienteren Einkauf und Zulieferung von Komponenten gesenkt. Abbildung 2.24 zeigt die Investitionskosten, die Benutzungsdauer für das Jahr 1993 und die daraus berechneten

Stromgestehungskosten. Man erkennt, daß die Kostensenkungen beträchtlich waren. Dabei sind jeweils die technologischen Verbesserungen eingetragen.

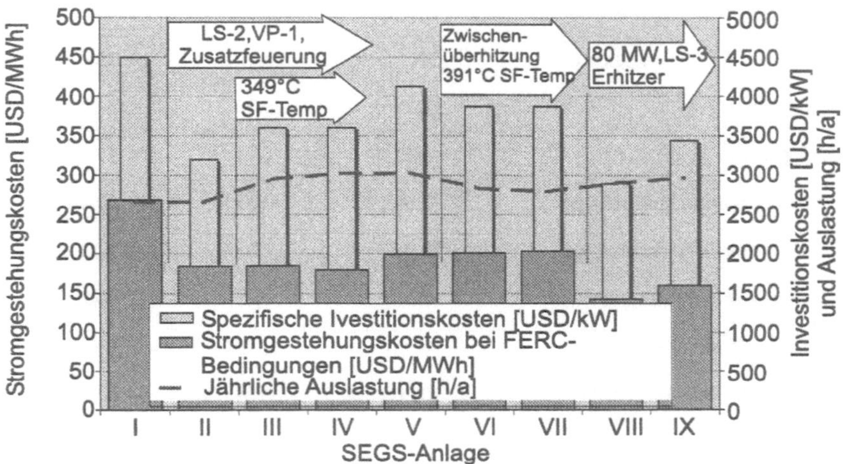

Abb. 2.24. Spezifische Investitions- und Stromgestehungskosten der SEGS-Anlagen

2.5.2
Kollektorentwicklung

Die Erfahrungen, die mit jeder SEGS-Anlage gesammelt wurden, flossen in die Änderungen der nachfolgenden Anlagen ein. So wurden insgesamt 3 Generationen von Kollektoren mit dem Ziel entwickelt, Kosten zu senken und die Leistungsfähigkeit zu erhöhen. Die Aperturfläche des einzelnen Kollektors wurde vergrößert, so daß das Nachführsystem immer mehr Reflektoreinheiten bewegen konnte.

Zuverlässigere und oft kostengünstigere Komponenten wurden ausgesucht, so z.B. der Ersatz der Motor-Getriebe-Einheit bei LS-1 und LS-2 durch Hydraulik bei LS-3 für den Antrieb. Tabelle 2.4 zeigt die technischnen Merkmale der 3 Modellgenerationen der LUZ-Kollektoren. Wie leicht aus den Zahlen zu ersehen ist, verdoppelte sich die Reflektor- bzw. Aperturfläche mit jeder Generation, was zu Kosteneinsparungen bei Antriebssystem und Installation führte und die Wirksamkeit erhöhte. Seit dem Bau von SEGS I trugen Fortschritte zu einem Anstieg der Auslaßtemperaturen der Solarfelder von 307 °C der ersten Generation LS-1 (SEGS I) zu 349 °C der zweiten Generation LS-2 (SEGS III-V) bei. Weitere Fortschritte, insbesondere die Einführung der gesputterten „Cermet" selektiven Beschichtung auf den Absorberrohren setzte die Auslaßtemperatur bei SEGS VII-IX auf 391 °C hinauf.

Tabelle 2.4. Vergleich verschiedener LUZ-Kollektorgenerationen

KOLLEKTORMODELL	LS-1	LS-2	LS-3
Aperturfläche pro Kollektor (m^2)	128	235	545
Anzahl der Reflektorsegmente	64	120	224
Aperturweite (m)	2.55	5.00	5.76
Länge (m)	50.2	47.1	99.0
Absorberrohrdurchmesser (m)	0.042	0.070	0.070
Mittlere Fokale Entfernung (m)	0.94	1.84	2.12
Abstand der Kollektorreihen (m)	7.3	12.5	16.2
Optischer Wirkungsgrad	0.734	0.737	0.8
Emssionsgrad der selektiven Schicht / bei Temperatur	0.30 / 300	0.24 / 300	0.17 / 350
Absorptionsgrad der selektiven Schicht	0.94	0.94	0.965
Transmissionsgrad des Hüllrohres	0.95	0.95	0.965
Reflektivität der Spiegel	0.94	0.94	0.94
Spitzenwirkungsgrad des Kollektors, thermisch (%)	66	66	68
Jährlicher Wirkungsgrad des Kollektors, thermisch (%)	51	50	53

2.5.3
Kraftwerksentwicklung

Die oben erwähnte Steigerung der Solarfeldauslaßtemperaturen führte zu verbesserten Dampfturbineneinlaßparametern und zu besserer Leistungsfähigkeit des Kraftwerksblocks – zu sehen in Tabelle 2.3 am sprunghaften Anstieg des Wirkungsgrads im Solarmodus von 30,6 bei SEGS V auf 37,5 bei SEGS VI/VII. Dies wurde nicht nur aufgrund der höheren Temperatur, sondern vor allem durch die möglich gewordene Zwischenüberhitzung im Dampfkreislauf erzielt. Die Fortschritte in der Kollektor- und Kraftwerkstechnologie verliefen zeitlich parallel.

Ein schematisches Flußdiagramm der SEGS-Anlagen III-V wird in Abbildung 2.25 gezeigt. Es ist klar zu erkennen, wie der gasgefeuerte Dampferzeuger die Turbine unabhängig versorgen oder den Solardampf ergänzen kann. Im fossil gefeuerten „Boiler"-Modus wird die Turbineneinlaßtemperatur auf 510 °C gesteigert, weshalb der Wirkungsgrad etwa 2 Prozentpunkte höher ist als im rein solaren Betrieb. Obwohl der gasgefeuerte Dampferzeuger gezeigt hat, wie wertvoll er ist, verbraucht er zum Aufwärmen sehr viel Gas und der Hybridbetrieb kann unter Umständen dadurch verzögert werden. Beim Entwurf von SEGS VIII und IX versuchte man dies durch den Einsatz eines erdgasgefeuerten Thermoölerhitzers (anstatt des Dampferzeugers oder Boilers) für den Hybridbetrieb zu vermeiden.

Wie in Abbildung 2.26 zu sehen, wurde der Thermoölerhitzer in diesen Anlagen parallel zum Solarfeld geschaltet, und die gesamte Verdampfung und Überhitzung wird durch die Thermoöl-Wasser/Dampf-Wärmetauscher bewerkstelligt. Die Zwischenüberhitzung ist ebenfalls zu sehen. Obwohl niedrigere Frischdampftemperaturen im erdgasgefeuerten Modus als mit dem Boiler erreicht werden wird die Gesamtleistungsfähigkeit von dieser Änderung begünstigt. Detaillierte technische Daten aller SEGS-Anlagen sind in der Tabelle 2.5 und Tabelle 2.7 aufgelistet.

So hat die in den SEGS-Anlagen verwendete Parabolrinnentechnologie von einigen Generationen Betriebserfahrung seit 1985 bis heute profitiert. LUZ fand und berichtigte einige Entwurfs- und Lieferantenprobleme, wie zum Beispiel schlechte Materialwahl, Komponenten, die nicht den Spezifikationen entsprachen, oder Konstruktionsfehler, die behoben werden mußten. In einigen Fällen wurden die Verfahren für das Errichten der Kollektoren geändert, um die Spezifikationen zu erfüllen. Dieser Erfahrungsgewinn dauert heute noch an, und die Betreiber sammeln wichtige und detaillierte Daten zur Instandsetzung, die zukünftigen Konstruktionsänderungen zugrunde gelegt werden.

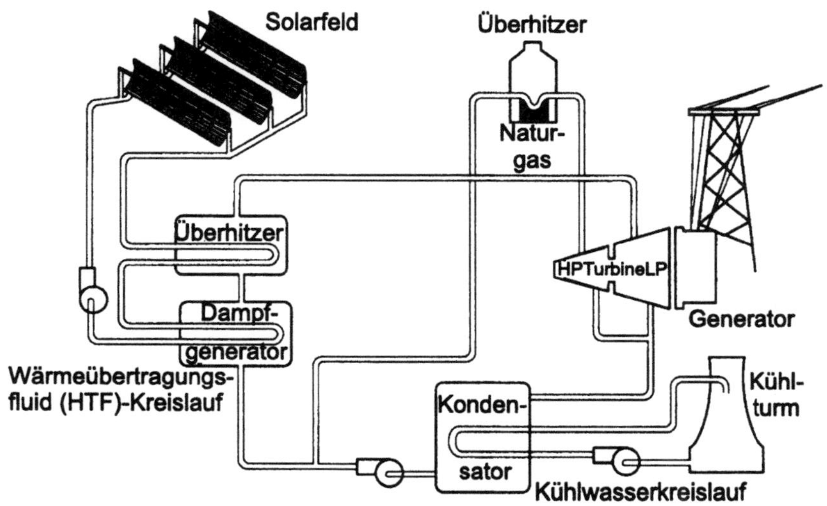

Abb. 2.25. Schematisches Flußdiagramm der SEGS-Anlagen III-V

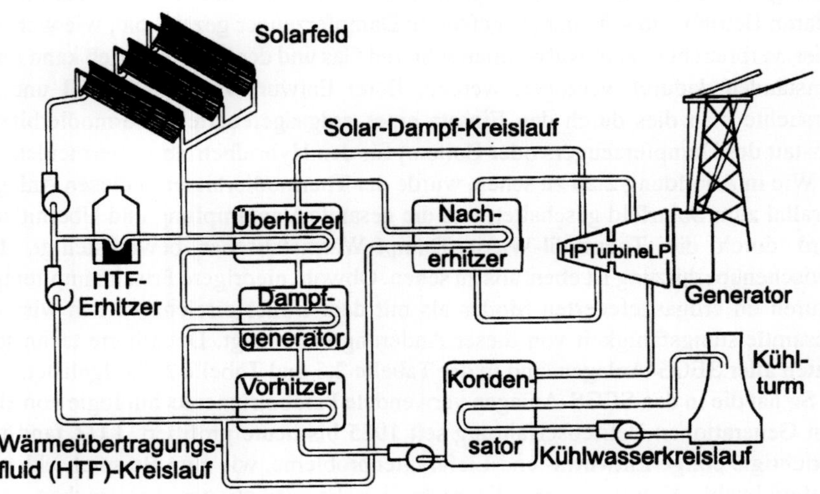

Abb. 2.26. Schematisches Flußdiagramm der SEGS-Anlagen VIII-IX.

Tabelle 2.5.   Technische Daten der SEGS-Anlagen I-V

System oder Komponente	Anlage	I	II	III	IV	V
KRAFTWERKS-BLOCK	Einheiten					
Turbinenleistung	MW_{el} brutto	14.7	33	33	33	33
Ins Netz eingespeiste Leistung	MW_{el} netto	13.8	30	30	30	30
Turbinengenerator Solardampfparameter						
Turbineneinlaßdruck	bar	35.3	27.2	43.5	43.5	43.5
ZÜ-druck	bar					
Turbineneinlaßtemperatur	°C	415	360	327	327	327
ZÜ-temperatur	°C	k.A.	k.A.	k.A	k.A	k.A
Dampfparameter der fossilen Zufeuerung						
Turbineneinlaßdruck	bar	k.A	105	105	105	105
ZÜ-druck	bar	k.A	k.A	k.A	k.A	k.A
Turbineneinlaßtemperatur	°C	k.A	510	510	510	510
ZÜ-temperatur	°C	k.A	k.A	k.A	k.A	k.A
Dampfkreislaufwirkungsgrad						
Solarbetrieben	%	31.5	29.4	30.6	30.6	30.6
Fossilgefeuert	%	0	37.3	37.3	37.3	37.3

Tabelle 2.6. Weitere technische Daten der SEGS-Anlagen I-V

System oder Komponente	Anlage	I	II	III	IV	V
SOLARFELD						
Kollektoren						
LS-1 ($128\ m^2$)	Anzahl	560	536			
LS-2 ($235\ m^2$)	Anzahl	48	518	980	980	992
LS-3 ($545\ m^2$)	Anzahl					32
Spiegelsegmente	Anzahl	41,600	96,464	117,600	117,600	126,208
Aperturfläche des Solarfeldes	m^2	82,960	190,338	230,300	230,300	250,560
Solarfeld-Einlaß-temperatur	°C	240	231	248	248	248
Solarfeld-Auslaß-temperatur	°C	307	321	349	349	349
Therm. Wirkungs-grad, jährl.	%	35	43	43	43	43
Optischer Wirkungs-grad max.	%	71	71	73	73	73
Anteilige Wärme-verluste	%	17	12	14	14	14
Wärmeüberträgerfluid						
Typ		Esso 500	VP-1	VP-1	VP-1	VP-1
Menge	m^3	3,213	416	403	403	461
Wärmespeicher-kapazität	MWh_{th}	110				
ALLGEMEIN						
Jährliche Strom-produktion	MWh/a netto	30,100	80,500	91,311	91,311	99,182
Jährlicher Erdgas-verbrauch	$10^6 m^3/a$	4.76	9.46	9.63	9.63	10.53

2.5.4
Betriebserfahrung in Kalifornien

Viele Faktoren beeinflussen die Leistungsfähigkeit der Solaranlagen: Während die gegenwärtigen Instandsetzungs- und Betriebspraktiken den größten Einfluß haben, wirken sich die Ausrüstungsfragen, die auf das ursprüngliche Design und den Aufbau zurückgehen, auch stark auf die Zuverlässigkeit aus.

2.5.4.1
Kalifornische Vergütungsstruktur

Im Gegensatz zu z.B. Deutschland (Einspeisegesetz für erneuerbare Energien) sind in Kalifornien die Vergütungen zweiteilig und bestehen aus einem Leistungs- und einem Arbeitsanteil. Hierbei erfolgt eine Kapazitätszahlung nicht auf stündlicher

Tabelle 2.7. Technische Daten der SEGS-Anlagen VI-IX

System oder Komponente	Anlage	VI	VII	VIII	IX
KRAFTWERKSBLOCK	Einheiten				
Turbinenleistung	MW_{el} brutto	33	33	88	88
Ins Netz eingespeiste Leistung	MW_{el} netto	30	30	80	80
Turbinengenerator					
Solardampfparameter					
Turbineneinlaßdruck	bar	100	100	100	100
ZÜ-druck	Bar	17.2	17.2	17.2	17.2
Turbineneinlaßtemperatur	°C	371	371	371	371
ZÜ-temperatur	°C	371	371	371	371
Dampfparameter der fossilen Zufeuerung					
Turbineneinlaßdruck	Bar	100	100	100	100
ZÜ-druck	Bar	17.2	17.2	17.2	17.2
Turbineneinlaßtemperatur	°C	510	510	371	371
ZÜ-temperatur	°C	371	371	371	371
Dampfkreislaufwirkungsgrad					
Solarbetrieben	%	37.5	37.5	37.6	37.6
Fossilgefeuert	%	39.5	39.5	37.6	37.6
SOLARFELD					
Kollektoren					
LS-1 (128 m^2)	Anzahl				
LS-2 (235 m^2)	Anzahl	800	400		
LS-3 (545 m^2)	Anzahl	0	184	852	888
Spiegelsegmente	Anzahl	96,000	89,216	190,848	198,912
Aperturfläche des Solarfeldes	m^2	188,000	194,280	464,340	483,960
Solarfeld-Einlaßtemperatur	°C	293	293	293	293
Solarfeld-Auslaßtemperatur	°C	391	391	391	391
Therm. Wirkungsgrad, jährl.	%	42	43	53	50
Optischer Wirkungsgrad, max.	%	76	76	80	80
Anteilige Wärmeverluste	%	15	15	14	14
Wärmeüberträgerfluid					
Typ		VP-1	VP-1	VP-1	VP-1
Menge	m^3	416	416	1,289	1,289
Wärmespeicherkapazität	MWh_{th}				
ALLGEMEIN					
Jährliche Stromproduktion	MWh/a netto	90,850	92,646	252,842	256,125
Jährlicher Erdgasverbrauch	106 m^3/a	8.1	8.1	24.8	25.2

Basis, sondern bei Erfüllung bestimmter Kriterien für eine Tarifzeit innerhalb eines ganzen Monats. Dabei müssen noch einige technische Anforderungen wie die Zuverlässigkeit und die Verfügbarkeit zu Hochlastzeiten gewährleistet werden[7]. Die absolute Höhe der Vergütungen wurde in der Vergangenheit jedoch relativ zu dem bestehenden Kraftwerkspark nach Regeln der FERC berechnet. Es gab sogenannte Standard Offers, was standardisierte Verträge für die Abnahme von Strom durch die EVUs waren, in den Ausführungen SO#2 und SO#4. Sie unterschieden sich durch die Dauer der Festschreibung der Arbeitspreise: Während die ersten SEGS-Anlagen infolge des Ölpreisschocks die SO#4-Verträge abschließen konnten, die für 10 Jahre festgeschriebene damals gültige hohe Arbeitspreise festlegten, bot man seitens Southern California Edison bei SEGS VIII und SEGS IX lediglich die SO#2-Verträge an, deren Arbeitspreise von den aktuellen vermiedenen Brennstoffkosten abhängen. Abbildung 2.27 gibt die maximal erreichbaren Vergütungen auf kWh umgerechnet wieder.

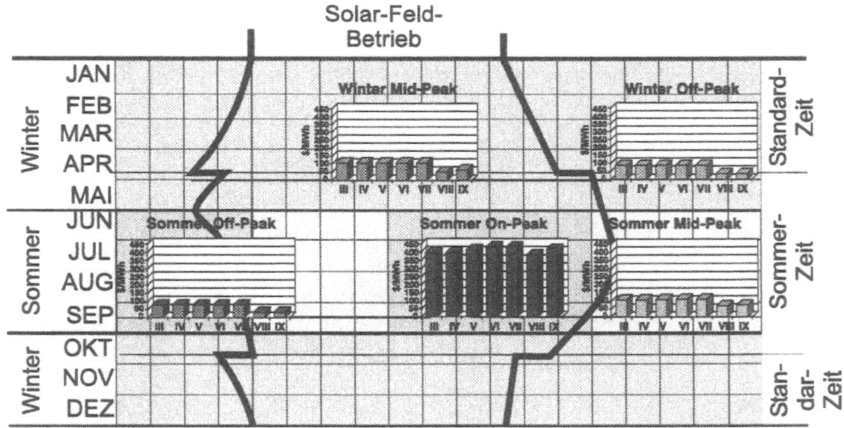

Abb. 2.27. Kalifornische Vergütungsstruktur

Wie zu erkennen ist, steigen die Vergütungen in der Hochtarifperiode als Folge der Leistungskomponente bei der Preisbildung im Sommer stark an. Dagegen sieht man vor allem in den Wintermonaten den Unterschied zwischen den SO#2- und den SO#4-Verträgen, da dort die Leistungskomponente kaum vorhanden ist.

[7] Die kalifornischen Standardstromabnahmeverträge SO#2 und SO#4 (Standard Offers) boten einen Arbeitspreis, und bei Erreichen von 80 % der möglichen Stromproduktion eine Kapazitätszahlung; diese war nahezu ausschließlich auf die Tageszeit von 12–18 Uhr im Sommer beschränkt. Eine Bonuszahlung gab es, wenn das Kraftwerk über 85 % seiner Leistung während dieser Periode erbracht hatte. Wurden diese Bedingungen der gesicherten Kapazität erreicht, so ergab sich, auf die Kilowattstunde umgerechnet, eine Zahlung von 40 US-Cents.

2.5.4.2
Zuverlässigkeit der SEGS-Anlagen

Die Verfügbarkeit der Solarfelder, also die Einsatzbereitschaft, die Sonnenstrahlen einzufangen, ist stets sehr hoch. Die Solarstrahlung schwankt durch die verschiedenen Wetterbedingungen von Jahr zu Jahr, und die Benutzungsdauer der Anlagen folgt eng dem Einstrahlungsniveau, da die Stromproduktion des Kraftwerks direkt von dem Einstrahlungsniveau abhängt.

Da in Kalifornien die Vergütungen für den Strom der Anlagen im Hochtarif-Zeitraum („ON-PEAK") stark steigen, ist eine gute Leistungsfähigkeit während dieser Zeit grundsätzlich notwendig, um ein hohes Einkommen zu erzielen. Falls die volle Vergütung angestrebt wird, muß das Kraftwerk 100 % seiner Leistung jeden Tag für 6 Stunden (derzeit von 12–18 Uhr) in den Monaten Juni, Juli, August und September erbringen. Die SEGS-Anlagen waren in dieser Hinsicht sehr erfolgreich (siehe Abbildung 2.28), da jede einzelne Anlage, seitdem sie den regelmäßigen Betrieb aufgenommen hat, im Sommer ihre Hochtarifkapazität zu über 100 % erbracht hat. Die Turbinen können eine höhere Leistung als die nominale Kapazität erbringen, was zusammen mit der Möglichkeit, den Solarteil mit Erdgas zu komplettieren, dazu führt, daß die Anlagen in der Hochtarifzeit die 100 % der Nennkapazität überschreiten.

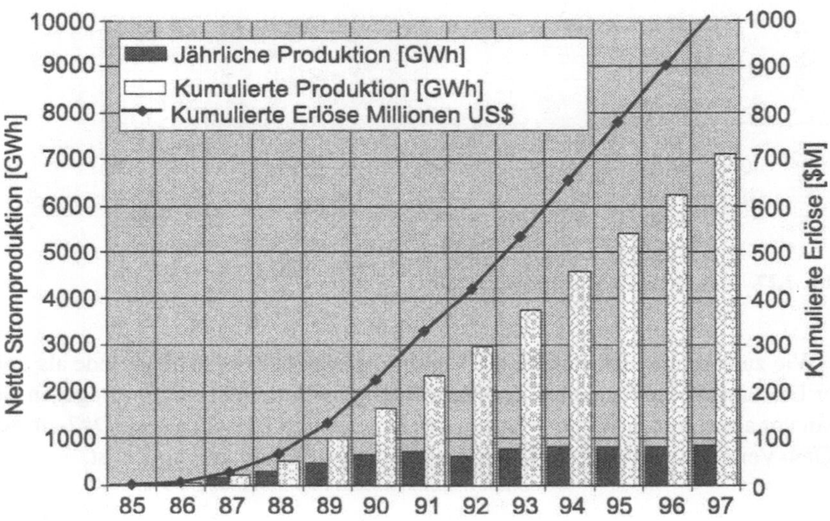

Abb. 2.28. Kumulierte Produktion und Erlöse von SEGS I–IX

In anderen Tarifzeiten haben die Anlagen jedoch im allgemeinen nicht die geplanten Sollwerte erreicht. Die jährliche Stromproduktion lag aufgrund von mangelhafter Verfügbarkeit und unzureichendem Leistungsvermögen des Kraftwerksblocks und des Solarfeldes bis zu 25 % unter den Planwerten.

2.5.4.3
Betrieb und Instandsetzung

Betrieb und Instandsetzung machen bei den SEGS-Anlagen bis zu 25 % der vollen Stromgestehungskosten aus – ein Niveau, das, solange es nicht verringert wird, ein großes Hindernis für die zukünftige Kommerzialisierung der SEGS und der anderen solarthermischen Technologien bedeutet. Die abdiskontierten Betriebs- und Instandhaltungskosten können sowohl durch die Reduktion von Personal- und Materialkosten, als auch durch Verbesserungen der Leistungsfähigkeit der Anlagen gesenkt werden. Die Auswirkungen eines besonderen Programms, das zu diesem Zweck in Kramer Junction durchgeführt wurde, können aus Abbildung 2.29 ersehen werden.

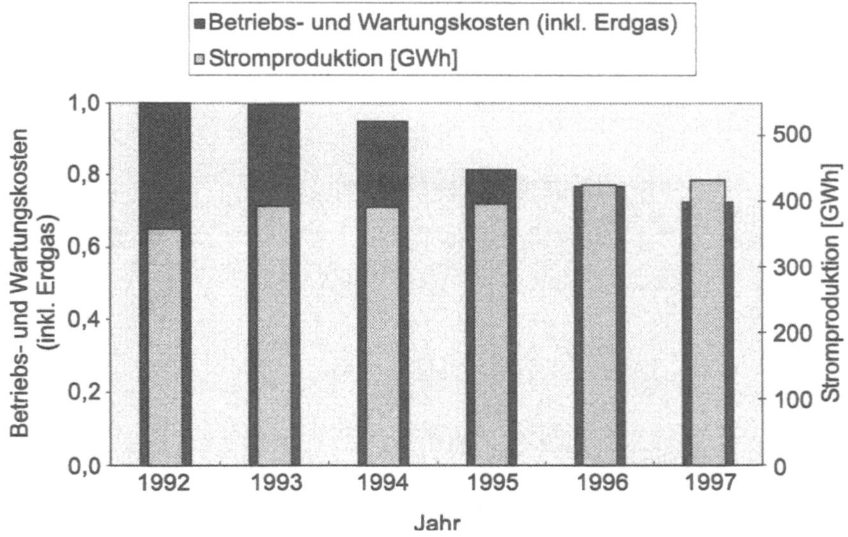

Abb. 2.29. Stromproduktion sowie Betriebs- und Instandhaltungskosten

2.5.4.4
Verluste

Die solare Produktion und die Verluste aufgrund von fehlerhaften und ausgefallenen Solarfeldkomponenten werden in Abbildung 2.30 dargestellt. Die Leistungsfähigkeit erhöhte sich in den letzten Jahren ständig, und die Verluste durch defekte

Absorberrohre und Spiegel wurden durch den Kauf und das Auswechseln der Ersatzteile gemildert. Die Zahlen beziehen sich auf den gesamten Kraftwerkskomplex in Kramer Junction mit insgesamt 150 MW$_{el}$ Leistung.

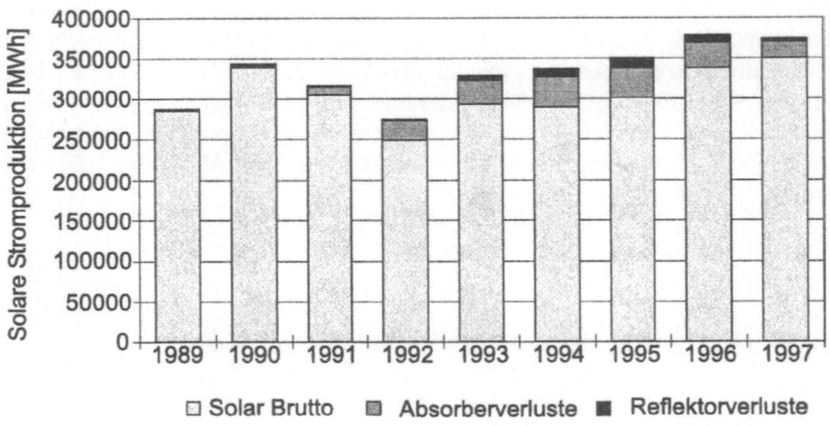

Abb. 2.30. Solare Leistungsfähigkeit in Kramer Junction

2.5.4.5
Leistungsfähigkeit

Am ersten Juli 1997 wurden bei den Solarkraftwerken in Kramer Junction neue Bestmarken im Solarbetrieb erreicht, als die fünf 30-MW-Kraftwerke an diesem Standort eine Tagesproduktion von 2.071 MWh$_{el}$ brutto erzielten. Am selben Tag hat die Anlage SEGS VI einen absoluten Tagesrekord an rein solarer Produktion mit 431 MWh erreicht. Der solar-elektrische Wirkungsgrad war für diesen Tag im Durchschnitt 18 % und blieb zwischen 9:00 und 17:00 Uhr konstant über 20 %, wie aus Abbildung 2.31 zu ersehen ist. Der solar-thermische Wirkungsgrad erreichte fast 60 %.

Probleme bestanden gelegentlich bei den Ersatzteilen für das Solarfeld, und die sinkenden Vergütungen der SO2-Verträge der 80-MW-Anlagen wirkten sich negativ auf die Instandhaltungsmöglichkeiten aus. Trotz dieser Schwierigkeiten arbeiten die Anlagen auch nach dem Konkurs der Firma LUZ erfolgreich weiter.

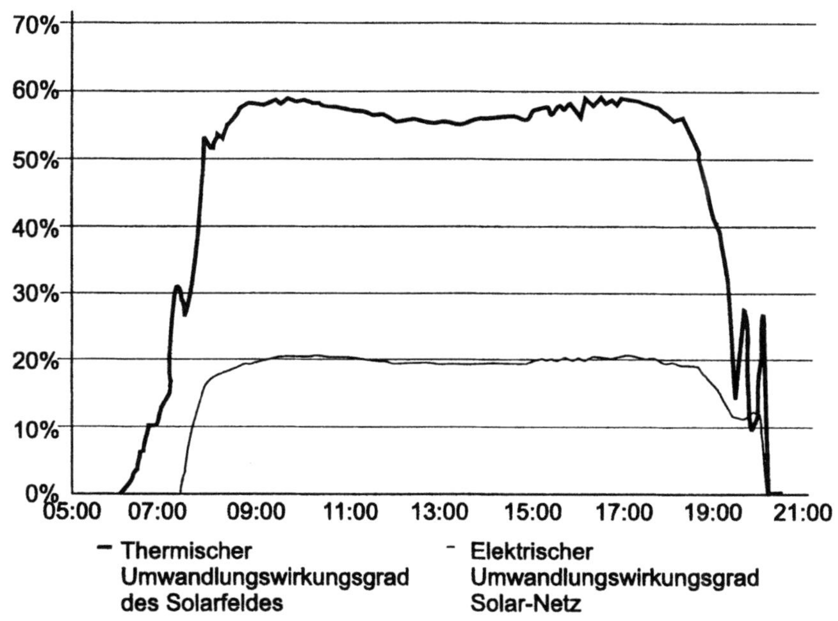

Abb. 2.31. Wirkungsgrade des Solarkraftwerks SEGS VI am 1.7.1997

2.6
Technologische Entwicklungen der Parabolrinnentechnologie

2.6.1
Einleitung

Im Rahmen der Bemühungen um weitere Leistungsverbesserungen und Kostenreduzierungen bei der solaren Dampferzeugung wurden Entwicklungsziele zur Verbesserung der Kollektorkonstruktion und der Solarfeldauslegung formuliert. Die Arbeiten werden in Europa und den Vereinigten Staaten durchgeführt. Diese Ziele werden auf verschiedenen Wegen angestrebt.

Zunächst wurden beim Solarfeld der SEGS-Anlagen, das auf der Parabolrinnentechnologie mit einen Thermoöl-Wärmeübertragungssystem aufbaut, eine Anzahl von Verbesserungen bei spezifischen Komponenten- und Subsystemen entwickelt oder angestrebt. Diese Weiterentwicklungen[8] umfassen z.B.: Techniken zum Reinigen und zur Befestigung der Spiegel, neue Methoden zum Transport, Einbau und Ersatz sowohl der Reflektoren als auch der Strahlungsempfänger (Absorberrohre), einen verbesserten optischen Wirkungsgrad und neue Komponenten, z.B. Kugelgelenke anstelle der flexiblen Schläuche, und eine Überarbeitung der Konstruktion der Kollektorstruktur. Die Weiterentwicklung des Systems auf Thermoölbasis erfolgt durch eine Reihe von Verbesserungen hin zu einer bewährten Technologie. Zusätzlich wurden bei den Regeleinrichtungen, dem Kraftwerksblock und den Nebenanlagen Konstruktionsverbesserungen vorgenommen, um Kosten zu senken und die Zuverlässigkeit zu erhöhen. Diese umfassen z.B. folgende Punkte: Verbesserte Dichtungen an den Thermoölpumpen sowie verbesserte Regeleinrichtungen für das Solarfeld und den Kraftwerksblock. Zudem wurden Konstruktionsvorschläge erarbeitet, wie z.B. die Anordnung der solaren Wärmeübertrager in einem statt in zwei Strängen, die Optimierung einzelner Pumpengruppen, um den Eigenstromverbrauch und die Kapitalkosten zu senken, und die Optimierung der Fundamentkonstruktionen für die großen Anlagenteile.

Zweitens wurde erkannt, daß eine deutliche Verbesserung des Wirkungsgrades erzielt werden kann, wenn ein Solarkraftwerk als Mittel- oder Grundlastkraftwerk betrieben würde. Um dies zu erreichen, wurden verschiedene Kraftwerkskonzepte entworfen, die den Einsatz eines aus Parabolrinnenkollektoren bestehenden Solarfeldes in Verbindung mit einem GuD-Kraftwerk erlauben. Die dabei erzielten Fortschritte sind in den vorhergehenden Abschnitten beschrieben worden.

Als dritte wesentliche Änderung wurde ein System ins Auge gefaßt[9], bei dem die Dampferzeugung direkt im Absorberrohr der Solarkollektoren stattfindet (sogenannte direkte Dampferzeugung oder auf englisch DSG = Direct Steam Generation). Dieser Ansatz bietet den Vorteil, daß weder das teure synthetische Thermoöl, noch der Zwischenkreis zum Wärmetransport, noch die Wärmeübertrager zur Dampferzeugung mehr erforderlich sind. Darüber hinaus bietet er potentiell bessere Frischdampfzustände am Turbineneintritt.

[8] In den Vereinigten Staaten wurden in einem gemeinsamen Programm zwischen KJC-Operating Company (SEGS III–VII) und Sandia National Laboratories – Albuquerque, Technologieverbesserungen hinsichtlich der Betriebsabläufe und der Wartungsmaßnahmen bei Parabolrinnenkollektoren durchgeführt, um Betriebs- und Unterhaltskosten zu senken.

[9] Vor nicht allzu langer Zeit sind in Europa Entwicklungsprogramme für Parabolrinnensolarkraftwerke durchgeführt worden, die die experimentelle Bewertung der Direktverdampfung DISS (Direct Solar Steam), einen Kostenvergleich zwischen Solarfeldern in Thermo-Öl-Technik und Direktverdampfungstechnik (STEM) und die Entwicklung von Auslegungsrichtlinien für große netzgekoppelte solarthermische Kraftwerke SOLGRID (Integration of Utility-scale Solar Thermal Power Plants into Regional Electricity supply Structures) zum Inhalt haben.

2.6.2
Entwicklungen bei den SEGS-Anlagen in Kalifornien

An den Parabolrinnen in Kalifornien wurden Verbesserungen hauptsächlich im Rahmen eines gemeinsamen Programms von KJC Operating Company und Sandia-National Laboratories in Albuquerque (NM) erzielt. Es begann 1992 und dauerte 5 Jahre. Das erklärte Ziel des Programms war es, Betriebs- und Instandsetzungskosten zukünftiger solarthermischer Kraftwerke zu reduzieren. Dies sollte sowohl durch Senken der direkten Instandhaltungskosten als auch durch Steigern der Produktion erreicht werden. Das Programm erzielte beeindruckende Ergebnisse in Bereichen wie Solarfeldkontrollsystem, Datenauswertung für Leistungsfähigkeit und Instandhaltung, Solarfelddaten und Methoden für die Planung der Kraftwerksinstandhaltung. Es wird erwartet, daß in künftigen Kraftwerken mit der Umsetzung aller Ergebnisse dieses Programms die Betriebs- und Unterhaltskosten gegenüber dem heutigen Niveau um den Faktor 1,5 oder mehr gesenkt werden können.

2.6.2.1
Planung von Betrieb und Instandhaltung

Die Instandhaltungspraxis bei den SEGS-Kraftwerken hat anfangs die wichtigen Funktionen wie Instandhaltung, Betrieb, Einkauf oder Warenhaltung nicht koordiniert. Die Untersuchung dieser Prozesse für Solarfeld und Kraftwerksblock führte zu der Erkenntnis, daß eine integrierte Vorgehensweise, die mit der Arbeitsvorbereitung der Betriebsmannschaft beginnt und durch ein kontrolliertes und nachprüfbares System weitergeführt wird, zu starken Einsparungen der Betriebs- und Instandhaltungskosten sowie des Arbeitsaufwands führen kann. Es wurde die Notwendigkeit erkannt, ein computergestütztes System aufzubauen, um die kritischen Daten leicht zugänglich zu machen.Eine Gruppe aus der Betriebsabteilung, die die Solarfeldkomponenten in Tagesschichten per Augenschein untersucht, plant die Instandhaltungsmaßnahmen. Jedes Versagen und jede Abweichung wird registriert und in das Überwachungssystem sowie die Datensammlung auf dem Rechner gegeben, die den Ölkreislauf, die elektrischen und elektronischen und die mechanischen Komponenten, das Tragwerk und die Reflektoren des Kollektors beinhalten. Die Probleme mit Reflektoren werden in folgende Kategorien eingestuft: Glasbruch, fehlendes Glaspanel, Glassprung, Ablösung der Aufhängung, verbogenes Absorberrohr, fluoreszierender Absorber sowie Absorber mit Vakuumverlust. Dieses System wird für Instandsetzung, Planung und Betrieb verwendet, um Prioritäten für die anstehenden Arbeiten zu setzen, Tendenzen bei Versagen und Reparatur zu beobachten und den gegenwärtigen Zustand der Felder zu überprüfen.

2.6.2.2
Kontrollsysteme

Die ökonomische Optimierung der Kraftwerksleistungsfähigkeit hängt von der effektiven und wirkungsvollen Integration des Solarfeldes in dem Kraftwerksblock ab. Als Beispiele dazu seien die Abstimmung der Auslaßparameter des Solarfelds auf den Kraftwerksblock und die Erzeugung von Dampf im Solarfeld genannt, so daß der Kraftwerksblock diesen Dampf auch verwenden kann. Im Winter befindet sich die solare Dampferzeugung unterhalb ihres Auslegewerts. Wenn dabei die Auslaßtemperatur sinkt, bietet sich der Betriebsmannschaft die Möglichkeit, Dampf mit einer niedrigeren Temperatur und einem niedrigeren Druck als bei voller Leistung möglich wäre, aber einem höheren Massendurchsatz zu erzeugen (Gleitdruck). Im Sommer kann morgens die Dampfproduktion durch das Solarfeld rasch aufgenommen werden, aber das richtige Aufwärmen der Turbine und der Dampfleitungen zwingt oft, den Dampf abzulassen oder die Kollektoren zu defokussieren – beide Maßnahmen sind ineffizient und kostspielig. Diese und ähnliche Probleme wurden durch ein On-line-Überwachungssystem der Kraftwerkswirkungsgrade und Leistungsausbeute gelöst. Es ermöglicht, die Echtzeiteffekte der Entscheidungen der Kraftwerker zu beobachten und Daten für die nötigen Änderungen sowie die Konstruktionsänderungen zu liefern. Als erster Schritt mußte eine zuverlässige und komplette Instrumentierung für alle wichtigen Betriebswerte des Kraftwerks (Drücke, Temperaturen, Massenflüsse) aufgebaut werden. Der Nutzen kann aus erhöhten Erlösen durch gesteigerte Produktion oder aus reduzierten Kosten gezogen werden – die üblichen Verbesserungen sind eine gesteigerte Kondensatorleistungsfähigkeit und verkleinerte Betriebsmannschaften. Das Verhalten des Kondensators ist der größte einzelne kontrollierbare Faktor, der die Leistung und den Wirkungsgrad beeinflußt. Wird der Kondensator regelmäßig überwacht, können Reinigungen rechtzeitig eingeplant werden. Eine Optimierung des Wärmeabfuhrsystems kann auch durch eine sorgfältige Auswahl der Konfiguration der Umwälzpumpen und Kühlgebläse erfolgen. In den Solarkraftwerken kann die Schnittstelle zwischen Solarsystem und Turbine von großem Interesse für die leistungssteigernden Ansätze sein. Darüber hinaus kann die Überwachung des Turbinenverhaltens je nach Wirkungsgrad der Sektionen den Zeitraum zwischen Instandsetzungen verkürzen oder verlängern – typischerweise werden alle 5 Jahre größere Turbinenrevisionen angesetzt. Auf diese Weise werden Ausfälle vermieden, während die präventiven Instandhaltungsmaßnahmen minimiert werden können. Schließlich wiederholen sich viele Maßnahmen der Kraftwerksbelegschaft, die zeitaufwendig sind und das Sammeln von Daten, die Auswertung von Tests, regelmäßiges Berichten und die Verteilung der Informationen enthalten. Das System dagegen führt eine Reihe von diesen Funktionen inhärent aus und senkt die Personalanforderungen, während es den Informationsfluß verbessert.

2.6.2.3
Durchflußmessung

Es gibt 3 Hauptgründe, weshalb der Massenfluß des Wärmeträgerfluids gemessen werden muß. Zuerst wird seine genaue Kenntnis für einen optimierten Solarfeldbetrieb benötigt. Dann muß der Massenfluß gemessen werden, um die Solarfeldkontrolle automatisieren zu können. Schließlich ist es für die Analyse der Leistungsfähigkeit von Solarfeld und Kraftwerk wichtig, die Durchflußmenge genau zu bestimmen. So ist es zum Beispiel ohne diesen Wert unmöglich, herauszufinden, ob eine Leistungseinbuße einiger Prozentpunkte auf das Solarfeld oder den Kraftwerksblock zurückzuführen ist. Früher wurden an den SEGS-Anlagen 4 verschiedene Typen von Durchflußmessern verwendet, die unterschiedliche Erfolge erzielten: Drucksonde, Turbine, Blende und Einlaufdüse. Jeder Typ hatte gewisse Vor- und Nachteile, aber keiner lieferte beständig genaue und verläßliche Werte über einen längeren Zeitraum. Nach Vergleichstests zwischen den Durchflußmessern am Einlaß des Feldes wurde eine Standardkonfiguration von Durchflußmessern für die Anlagen in Kramer Junction ausgewählt. Jede Solarfeldhälfte wird zur Redundanz 2 Durchflußmesser (Turbine und Düse) erhalten, während der Auslaß einen einzigen Turbinenflußmesser für den Gesamtdurchfluß der Thermoöls im Solarfeld haben wird.

2.6.2.4
Wetterstation

Eine zentrale Wetterstation mit verbesserter Programmierung wurde für den gesamten Standort vorgesehen, um die Qualität und Konsistenz der Wetterdaten zu verbessern. Die neue Wetterstation nimmt Daten der direktnormalen, diffusen und globalhorizontelen Strahlung sowie Windgeschwindigkeit, Windrichtung, Luftdruck, relative Feuchte, Niederschlagsmenge und Umgebungstemperatur auf. Kontrollalgorithmen stellen als integraler Teil der Wetterstation die Konsistenz und Zuverlässigkeit der Daten sicher.

2.6.2.5
Solarfeldsteuerung

Der Solarfeld-Hauptsteuerung überwacht den Solarfeldbetrieb und führt bei normalem Betriebszustand die Kollektoren dem theoretischen Stand der Sonne nach. Sobald die Sonne etwa 10 Grad über dem östlichen Horizont angelangt ist, wird jeder einzelne Kollektor über einen Befehl aktiviert. Von da an übernimmt die lokale Kontrolleinheit die Überwachung des Kollektorbetriebs und folgt der Sonne den ganzen Tag, bis sie einen anderen Befehl vom Solarfeldleitstand bekommt.Die lokale Kontrolleinheit steht mit dem Solarfeldleitstand in Verbindung, um Daten über Temperatur, Betriebsmodus oder Warnsignale auszutauschen. Einige Sicherheitsaspekte, wie der Schutz vor Überhitzung oder der Verlust der Verbindung zur Zentraleinheit, sind in der lokalen Kontrolleinheit integriert. Andere vom Solarfeldleitstand übernommene Sicherheitsmaßnahmen schließen die Prüfung der zulässigen Windverhältnisse und zu niedrigen Fluß oder gar Austritt des Thermoöls ein. Die Weiterentwicklung des Leitstands umfaßt die folgenden Punkte:
* Vorhandene Programmfehler eliminieren und die Schnittstelle zu Betreibern verbessern
* Verbesserte Berichterstattung und Reduzieren der Informationsfülle
* Direkte Verbindung zwischen dem Kontrollsystem und dem Instandhaltungsprogramm
* Integration in ein standortweites Datennetz

• Möglichkeit der Kontrolle einer oder mehrerer Anlagen über eine einzige Station im Netzwerk von der Ferne aus, das heißt von einer anderen Warte aus. Der neue Solarfeldleitstand wurde mit dem System Mitte 1996 verbunden.

2.6.2.6
Reflektivität der Spiegel

Die Leistungsfähigkeit des Solarfelds ist direkt vom Reflektivitätsvermögen der Spiegel abhängig. Die Reflektoren im Solarfeld werden regelmäßig gewaschen, was einerseits mehr Leistung bringt, andererseits aber Kosten bei der Instandhaltung durch Arbeit, Ausrüstung und demineralisiertes Wasser verursacht. Die Zeitabstände zum Waschen der Reflektoren werden demnach durch Abwägen zwischen Arbeits- und Wasserkosten einerseits und Leistungseinbußen durch Verschmutzung andererseits optimiert. So wird im Sommer – durch höhere Strompreise bedingt – ein Waschzyklus von 2 Wochen eingehalten, während es im Winter – wegen häufiger Regengüsse und niedrigerer Vergütungen – günstiger ist, das Intervall zu verlängern.

Die Betreibergesellschaft optimiert alle diese Faktoren und verbessert die Waschverfahren weiter. Dazu bedarf es der genauen Kenntnis der durchschnittlichen Reflektivität vor und nach dem Waschvorgang sowie des aktuellen Verschmutzungsgrads im Feld, besonders in der sommerlichen Hochtarifperiode. Die Verschnutzung und Wirksamkeit der Reinigung variiert mit der Jahreszeit und dem Ort der Spiegel, wie z.B. Nähe zu Wegen und Kühltürmen. Dort, auf der windabgewandten Seite der Kühltürme, sind die Verschmutzungsraten der Reflektoren durch den Kühlnebeldrift besonders hoch. Die Gebläse der Naßkühltürme stoßen mit der Kühlluft auch kleine Wassertröpfchen aus, die sich in der Außenluft mit Staubpartikeln verbinden und auf Spiegel und Absorber (Hüllrohre) niederschlagen. Die Probleme in diesen Bereichen könnten vermindert werden, indem die Reflektoroberfläche mit schmutzabweisenden Stoffen behandelt wird und Driftverminderer in den Kühltürmen eingebaut werden.

Die bestehende Methode der Messungen mit einem Reflektometer ist zeitaufwendig und daher ineffizient und kostenintensiv.

Abbildung 2.32 zeigt die Abnahme der Reflektivität für einen Testaufbau der Spiegel über die Zeit in den Sommermonaten. Zu Testzwecken wurden die Spiegel 3 Monate lang nicht gewaschen. Wie aus der Abbildung hervorgeht, verläuft der Rückgang nahezu linear und entspricht einer Verschmutzungsrate von 0,45 Prozent pro Tag. Dieses sehr hohe Ausmaß tritt gewöhnlich in anderen Jahreszeiten nicht auf, da die Staubbelastung der Luft geringer ist und die natürliche Reinigung öfter erfolgt.

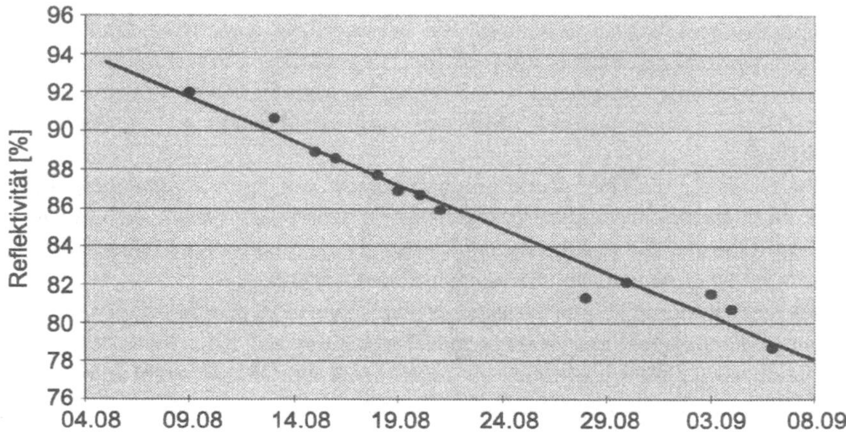

Abb. 2.32. Rückgang der Reflektivität der Spiegel in den Sommermonaten

Während der Testphase wurde der Wärmeertrag der Kollektoren gemessen. Die Ergebnisse zeigten bei einer 1 %igen Reflexionsminderung einen Abfall der Energieausbeute von 1,2 %; das ist nicht weiter verwunderlich, da die Wärmeverluste, die von der Betriebstemperatur abhängen, konstant bleiben, während die einfallende Strahlung proportional mit dem Verschmutzungsgrad sinkt.

Abb. 2.33. Hochdruckreinigung der Reflektoren

Beim Waschen werden zwei verschiedene Methoden angewendet, die beide demineralisiertes Wasser benötigen. Sie bestehen aus einer Hochdruckreinigung mit geringem Wasserbedarf und einem Niederdruck-Spülverfahren (mit einer Spezialvorrichtung, bestehend aus Traktor/Zugmaschine und Wassertank), das hohe Volumenströme braucht. Abbildung 2.33 und Abbildung 2.34 zeigen beide Verfahren.

Das Gerät für die Hochdruckreinigung besteht aus einem Tankwagen, der von einer Zugmaschine bewegt wird, Pumpen, die sehr hohen Druck aufbringen, und zwei Spritzdüsen. Die Bedienung erfolgt durch eine dreiköpfige Mannschaft: einen Fahrer und zwei Arbeiter für die handgeführten Spritzdüsen.

Das Verfahren mit hohem Wasserdurchlauf verwendet ebenfalls einen traktorgetriebenen Tankwagen, aber feststehende Spritzdüsen auf jeder Seite des Wagens, um gleichzeitig 2 Kollektorreihen mit einem spülenden Wasserstrahl zu besprühen. Das Fahrzeug ähnelt einer Straßenreinigungsmaschine und reicht etwa für ein 80 MW-Solarkraftwerk aus. Es benötigt zu seiner Bedienung nur einen einzigen Fahrer, verbraucht jedoch ungefähr 0,85 Liter Wasser pro Quadratmeter Reflektorfläche, während das Hochdruckverfahren mit etwa 0,7 l/m^2 auskommt.

Abb. 2.34. Reflektorreinigung durch die Spülmethode

Obwohl das Spülverfahren also spezifisch 20 % mehr Wasser verbraucht, ist es viermal so schnell, so daß der Personalaufwand auf ein Zwölftel sinkt. Das Verfahren steigert die Reflektivität um ungefähr ein Prozent, wohingegen mit dem Hochdruckverfahren 3 % Verbesserung erreicht werden. Wie die Abbildung 2.35 zeigt, wird im regelmäßigen Turnus ein Hochdruckwaschgang nach zweimaligen Spülen angewendet, eine gebräuchliche Strategie, um die Reflektivität im Durchschnitt über 90 % zu halten. Im Sommer werden die Spiegel alle 3 Wochen mit Hochdruck und dazwischen zweimal im Wochenturnus mit dem Spülverfahren gereinigt.

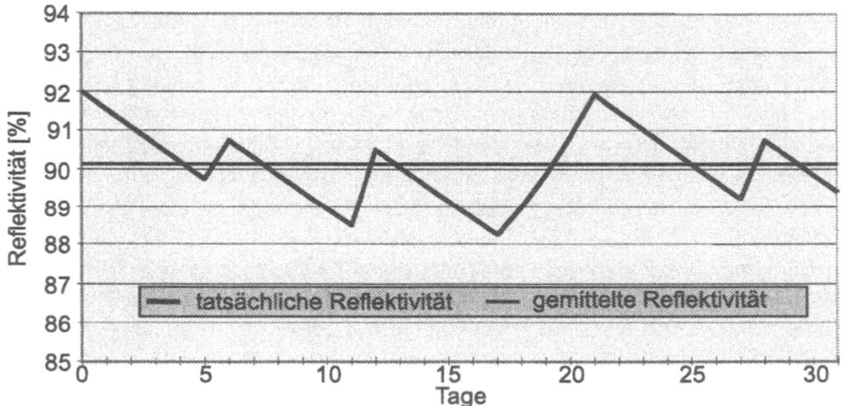

Abb. 2.35. Gewöhnlicher Reinigungszyklus für Solarreflektoren

Falls Regen oder Schnee zu erwarten sind, werden die Kollektoren nach oben gedreht, so daß die reflektierenden Oberflächen auf natürliche Weise durch die Witterung gereinigt werden können. Schnee erzielt einen Wischeffekt, der durch keine andere Methode zu überbieten ist und das Solarfeld auf eine Reflektivität von 94,7 % bringt, was dem Neuzustand entspricht.

2.6.2.7
Elektrische Antriebe

Der Eigenverbrauch der Anlagen muß möglichst gering gehalten werden, und auch das Solarfeld verbraucht Strom nicht nur zum Umwälzen des Wärmeträgerfluids, sondern auch zum Nachführen der Kollektoren. Dabei wurde erkannt, daß der Einsatz effizienter und zuverlässiger Elektroantriebe einen merklichen Beitrag leisten kann. Die Motoren des Kollektorantriebs versagten oft wegen fehlerhafter Windungen, die Kurzschlüsse verursachten. Bei den Reparaturen wurden Motoren eingesetzt, die nach neuen Spezifikationen eingekauft und eingebaut wurden. Da die LS-3-Kollektoren hydraulische Antriebe zur Positionierung verwenden, besteht dieses Problem nur bei den früheren Generationen.

2.6.2.8
Ersatzteile für Spiegel und Absorber

Aus einer Vielzahl von Gründen, auf die an andere Stelle näher eingegangen wird, brechen die Glashüllrohre der Absorber regelmäßig. Die sich dadurch einstellenden hohen Wärmeverluste am ungeschützten Absorberrohr können Tests zufolge durch eine Neuverglasung stark gemindert werden. In diesem Fall wird der Zwischenraum nicht wieder evakuiert, aber die Konvektionswärmeverluste, die bei Wind enorm ansteigen, werden weitestgehend vermieden. Die Verbesserung beträgt bei Windstille nur 5–10 %, aber schon bei einer leichten Brise wesentlich mehr. Die Spiegel sind an den Tragarmen der Metallstruktur durch Plättchen (das sind etwa 10 cm große Teller an der Spiegelrückseite) mit einer Schraube befestigt. Die früher verwendeten metallischen Plättchen lösten sich von den Spiegeln. Dies wurde aber durch die Verwendung von keramischem Material, welches dieselbe Ausdehnung wie das Spiegelglas aufweist, unterbunden.Die härtesten Windbedingungen treten an den Rändern des Solarfelds auf, wodurch die Spiegel an diesen Stellen öfter versagen. Um Abhilfe zu schaffen, wurden zwei Verfahren entwickelt. Das erste, ein Reparaturset für abgelöste Plättchen, besteht aus einem dünnen Edelstahl und Silikonkleber und verstärkt die Klebestelle. Das zweite ist ein Panel (Aluminium-Kunstoff-Sandwich) mit einer aufgeklebten Reflektorfolie, ECP 305+, das an den windbelasteten Rändern der Solarfelder montiert wird. Während die mechanische Stabilität dieses Konzepts bei hohen Windstärken demostriert werden konnte, begann die Silberfolie Blasen zu entwickeln, was auf nicht ausgehärteten Kleber zurückgeführt werden konnte. Hier besteht noch Entwicklungsbedarf.

2.6.2.9
Drehdurchführungen

Die Verbindung zwischen der feststehenden Solarfeldverrohrung und den Absorbern an den drehbaren Kollektoren wurde mit flexiblen, 1,5–2 m langen, faltenbalgartigen Metallschläuchen ausgeführt, die eine Bewegung zulassen und gleichzeitig die Dichtigkeit des Kreislaufs sicherstellen. Diese Bauteile erwiesen sich als versagensanfällig, darüber hinaus weisen sie auch hohe Druckverluste infolge der vielen Falten auf der Innenseite auf. Sie können allerdings durch eine Serie von Drehdurchführungen ersetzt werden (jeweils eine pro Bewegungsfreiheitsgrad), die höhere Zuverlässigkeit, niedrigere Investitionskosten und wesentlich verringerten Druckverlust bieten. Tests dieser neuen Komponenten bei den Anlagen in Kramer Junction ergaben bezogen auf das gesamte Kreislaufsystem einen um 45 %[10] reduzierten Druckverlust. Die Versuche gehen noch weiter, um genaue Standzeiten zu erhalten, aber schon heute läßt sich sagen, daß die Drehdurchführungen schon allein wegen ihres selteneren und unkritischeren Versagens den flexiblen Metallschläuchen überlegen sind. Sie zeichnen sich durch allmählich zunehmende Undichtigkeit gegenüber einem plötzlichen Aufplatzen bei den Schläuchen aus.

[10] Dieser Wert bezieht sich allerdings auf Solarfelder mit LS-2-Kollektoren. Mit diesen Kollektoren ist er prozentual geringer.

2.6.2.10
Sonstige Maßnahmen

Falls genügend Daten vorliegen, können einzelne Untersysteme hinsichtlich ihrer Leistung und ihrer Kosten verbessert werden. Hier werden nur 3 Punkte exemplarisch herausgegriffen: Wasserverbrauch, elektrischer Eigenverbrauch und Emissionen flüchtiger organischer Verbindungen.

Da in der Vergangenheit zwar der gesamte Wasserverbrauch gemessen wurde, eine Zuordnung nach einzelnen Untersystemen aber nicht gemacht werden konnte, wurden zusätzliche Wasseruhren an den Zuleitungen zum Naßkühlsystem, Demineralisiersystem, Kondensattank und Speichertank für Spiegelreinigung installiert. Die Daten werden täglich in das Betriebsführungssystem eingelesen und dann ausgewertet. So werden abnormale Verbräuche durch fehlerhafte Komponenten erkannt, und es können Modifikationen an Bauteilen bewertet werden.

Die elektrischen Eigenverbräuche der SEGS-Anlagen sind zwar hoch, und obwohl gemutmaßt wurde, daß sie höher waren, als unbedingt nötig, konnten bisher trotz eingehender Untersuchungen keine ernsthaften Unregelmäßigkeiten erkannt werden.

Das Wärmeträgeröl, das in den Solarfeldern aufgrund seiner überragenden Wärmekapazitäts- und Fließeigenschaften und seiner chemischen Stabilität Verwendung findet, ist eine synthetische Kohlenwasserstoffverbindung. Es handelt sich um eine eutektische Mischung aus Diphenyl- (74 %) und Biphenyloxid (26 %), welche beim Entweichen in Dampfzustand sichtbare Wolken bildet, die sich entweder schnell niederschlagen, oder, abhängig von den Wetterverhältnissen, aufsteigen und sich verflüchtigen können.

Solche Emissionen entstehen durch Verluste sowohl im gasförmigen als auch im flüssigen Aggregatszustand, die natürlich bei den gegebenen Arbeitsbedingungen, 390 °C Temperatur und Drücken über 40 bar, und kilometerlangen Rohrleitungen mit unzähligen Verzweigungen und Flanschen nicht gänzlich ausbleiben können. Untersuchungsergebisse zeigen geschätzte flüchtige Verluste von jährlich nur 0,08 % des Öl-Inventars, d.h. ein Bruchteil der gesamten Verluste von etwa 1 % (Dies wurde durch Massenbilanzierung festgestellt), die hauptsächlich durch Leckagen entstehen. Solche Lecks treten selten auf und werden sofort repariert, zumal der Flüssigkeitsverlust u. U. auch sehr schnell und in größeren Mengen erfolgen kann.

2.6.3
Entwicklung der Technologie der Parabolrinnenkollektoren

Dieser Abschnitt faßt die technischen Entwicklungen auf dem Gebiet der Parabolrinnenkollektoren, die weltweit stattfinden, zusammen und stellt die Forschungsschwerpunkte heraus.

2.6.3.1
Optische Beschichtungen für Hochtemperatur-Solarabsorber

Die selektive optische Beschichtung mit einer Gesamtstärke von 0.3 μm besteht aus 4 nacheinander aufgebrachten Schichten, wobei entweder Sputtertechnologien (PVD) oder auch Sol-gel-Prozesse zur Anwendung kommen. Abbildung 2.36 zeigt den Aufbau dieser Schichten.

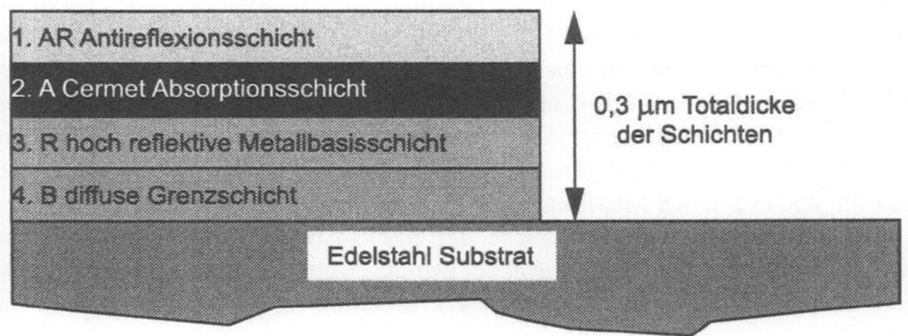

Abb. 2.36. Aufbau der selektiven Schicht

Vor dem Beschichten werden die Edelstahlrohre poliert, um die Oberflächenrauhigkeit unter 0.2 μm zu bringen. Daran schließt sich eine Serie von Waschprozessen an, die sicherstellen, daß die polierten Rohre sauber genug für die Sputtermaschine sind. Dieses Absorberrohr, das Substrat für die Beschichtung, wird zuerst mit einer 40 nm starken Diffusionssperre überzogen. Die nächste Schicht ist metallisches Molybdän, das eine hohe Reflektivität im infraroten Bereich (Gleichbedeutend mit niedriger Emissivität im Wellenlängenbereich der Wärmestrahlung) besitzt. Die Absorptionsschicht wird dann durch das Ausbilden eines Cermets aufgebracht, das aus Mo und Al_2O_3 besteht, und dessen Mo-Gehalt allmählich zur Außenoberfläche zunimmt, während die Al_2O_3-Anteile nach innen steigen. Die äußerste sogenannte Antireflektions-Schicht besteht wiederum aus Al_2O_3. Ihr variabler Brechungsindex verbessert die Lichttransmission in das Innere des Absorberrohres, indem er das solare Spektrum in einem breiteren Wellenbereich absorbiert.

Das Aufbringen der Diffusionsbarriere und des Dielektrikums (Al_2O_3) erfolgt mittels Wechselstromsputtern mit hohen Frequenzen, wohingegen für das Aufbringen des Mo Gleichstromsputtern angewendet wird. Während des gesamten Prozesses, der in einer Argonatmosphäre stattfindet, werden die Rohre ständig gedreht, um eine gleichmäßige Beschichtung zu gewährleisten. Die Cermetschicht wird durch das gleichzeitige Aufbringen von Mo und Al_2O_3 gebildet.

Die Sputtertechnik wurde durch eine vollautomatische Fertigungsstraße an die Massenproduktion adaptiert. Die Sputtermaschine wird nacheinander mit Absorberrohren auf Haltern (2 Rohre pro Halterung) durch die Eingangstür beschickt. Die

Rohre werden aufgewärmt, und gleichzeitig wird das Vakuum für den Sputterprozeß aufgebaut.

Schon während der Produktion der Absorberrohre für die SEGS-Anlagen wurden Proben (Rohrstücke) mit verbesserten optischen Eigenschaften hergestellt. Durch die bessere Kontrolle der abrupten Änderung von niedriger zu hoher Reflektivität, wenn man sich den Wellenlängen der Wärmestrahlung nähert, wurde die Emissivität herabgesetzt, während gleichzeitig eine hohe Absorptivität im solaren Spektrum beibehalten werden konnte. Die gemessenen Werte bei 350 °C betrugen $\alpha=0{,}955$ (Absorptivität) und $\varepsilon<0{,}1$ (Emissivität). Um die thermische Emission bei verschiedenen Temperaturen zu bestimmen, wurden kalorimetrische Methoden angewendet. Diese verbesserte Beschichtung ist bereits verfügbar.

2.6.3.2
Sekundär-Konzentratoren für Absorberrohre

Das ARDISS-Projekt hat gezeigt, daß ein Sekundärkonzentrator unter bestimmten Umständen die Strahlungsverteilung um den Absorber homogenisiert und gleichzeitig die Wärmeverluste senkt. Ein Problem ist dabei die richtige Wahl des Reflektormaterials. Es sollte eine hohe Reflektivität haben, um übermäßiges Aufheizen zu vermeiden, da bereits mit konzentrierter Strahlung gearbeitet wird. Schwierig ist auch die richtige Integration in das Absorberrohr. Die Leistungssteigerungen sind abhängig von der Qualität der selektiven Schicht des Absorberrohrs: je besser das α/ε-Verhältnis, um so weniger kann zusätzlich durch den Sekundärkonzentrator gewonnen werden. Obendrein muß beachtet werden, daß er gleichzeitig die vom Reflektor abgewandte Rückseite des Absorbers von der Sonne abschirmt.

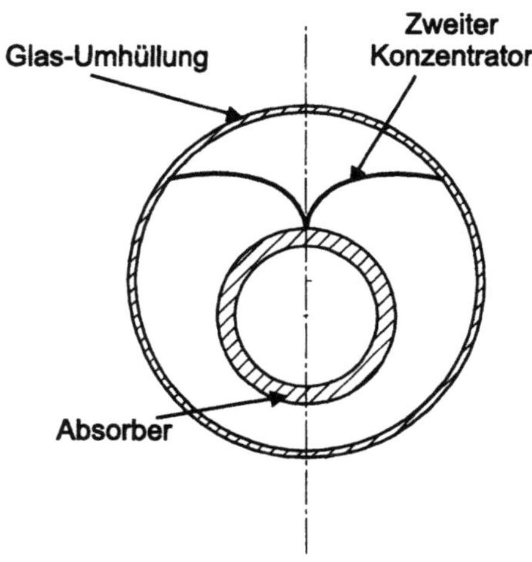

Abb. 2.37. Querschnitt eines Absorbers mit Sekundärkonzentrator

Solch ein Sekundärkonzentrator, wie beispielhaft in Abbildung 2.37 gezeigt, könnte im Prinzip in jedes zukünftige Konzept eines Parabolrinnenkollektors integriert werden, die wahren Vorteile liegen jedoch bei Anwendung der Direktverdampfung. Dort hilft er nämlich, den Durchmesser des Absorberrohres zu verringern, was zu wichtigen Vorteilen bei der Stömungsstabilität führt.

2.6.3.3
Antireflektive Beschichtungen für Glashüllrohre

Die Antireflektionsschicht (AR)[11], die auf die Innen- und Außenseite des Glashüllrohres aufgebracht wird, erhöht die Lichtdurchlässigkeit durch das Glas um 4.5–5 %. Ohne Beschichtungen liegt die Transmissivität des Borsilikatglases bei 91 %. Verluste entstehen überwiegend durch die Brechung des Lichts an den Oberflächen und weniger durch die Absorption im Glasmaterial selbst. Die AR-Schicht wird aus Silicat-Gel hergestellt, das aus Molekülen des Typs $\{Na_2(SiO_3)\}(SiO_2)_n$ besteht und hat einen Brechungsindex von 1,474. Die Dicke der Schicht beträgt 1500 Å, um eine optimale Impedanz[12], passend für Wellenlängen von 6000 Å, zu haben.

Die AR-Schicht behält ihre optischen Eigenschaften jahrelang bei, solange kein mechanischer Abrieb die äußere Schicht beschädigt. An Glashüllrohren, die sich bei den SEGS-Anlagen in Kalifornien im Einsatz befinden, wurde eine Transmissivität von 96 % gemessen.

Die Herstellung der AR-Schicht läßt sich grob in drei Schritte einteilen: Vorbereitung der Silicat-Gel-Lösung, Reinigung der Gläser und zweifacher Tauchprozeß. In Labortests wurde herausgefunden, daß durch eine Nachbehandlung in einer Vakuumautoklave bei hohen Temperaturen eine 0,5–1 %tige Verbesserung erzielt werden kann.

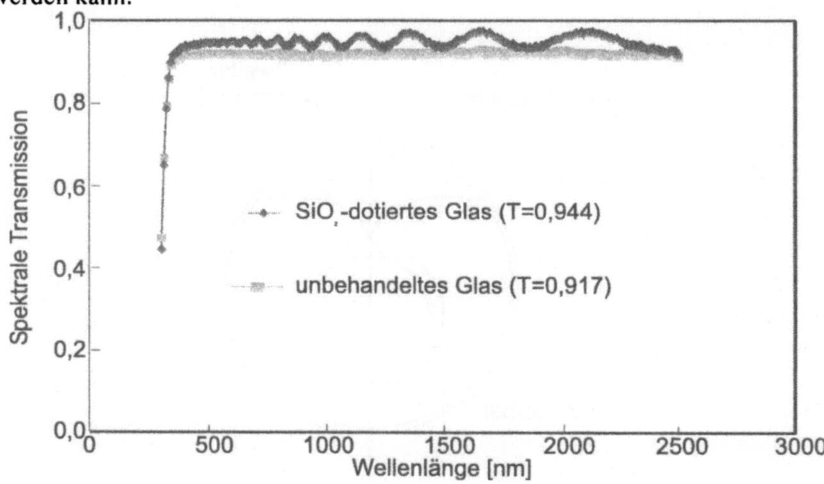

Abb. 2.38. Transmissivität von Glas mit und ohne SiO_2-Beschichtung über der Wellenlänge

[11] Ähnliche Beschichtungen finden in der Optik, z.B. bei Brillen, weiteste Anwendung.
[12] Die Schichtdicke muß 1/2 der Wellenlänge betragen.

Dennoch gibt es ein kleines Verbesserungspotential: Die Transmissivität des Rohmaterials kann um ca.1 % gesteigert werden und die AR-Beschichtung kann um 0,5 % verbessert werden. Insgesamt könnte dadurch eine Transmissivität von 97,5 % erzielt werden.

2.6.3.4
Glas-Metall-Verbindung

Die Glas-Metall-Verbindung wird hergestellt, indem Glas auf einem dünnen Edelstahlblech geschmolzen wird, um es von beiden Seiten zu umhüllen. Das Metall ist dünn genug, um in seinen mechanischen Eigenschaften wie der Wärmeausdehnung von Glas dominiert zu werden. Auf der anderen Seite ist die Verbindung stark genug, um das Glashüllrohr trotz der strukturellen Belastungen über viele Betriebsjahre zu halten.

Bei der Herstellung wird ein Edelstahlblech in die entsprechende Form gepresst und dann auf die gewünschte Stärke bearbeitet. Es wird anschließend thermisch und chemisch weiterbehandelt, um eine Anbindung an das Glas zu ermöglichen. Diese Verbindung wird zuerst nur mit kurzen Stücken hergestellt, die dann wiederum an das Glashülrohr geschmolzen und an den Expansionsflansch (Kompensator) geschweißt werden. Dazu werden Spezialmaschinen verwendet, die auch die thermischen Spannungen abbauen.

Es gab Versuche, diese Glas-Metall-Verbindung weiterzuentwickeln und zu verbessern, und dabei den optischen Wirkungsgrad zu erhöhen. Dies könnte durch eine Verkürzung des Kompensators erreicht werden, dessen Schatten und damit unwirksame Fläche auf das Absorberrohr dadurch verkleinert wird. Die Verbindung könnte auf 50 % der bisherigen Länge verkürzt werden, womit der optische Wirkungsgrad um etwa einen halben Prozentpunkt steigen würde.

2.6.3.5
Vakuumkonservierung

Um die Wärmeverluste gering zu halten, ist es wichtig, das Hochvakuum zwischen Glashülle und Absorberrohr zu erhalten. Dies wird durch sorgfältige Entgasung beim Hochtemperatur-Herstellungsverfahren der Glas- und Metallteile sichergestellt. Darüber hinaus adsorbieren aktive chemische „Getter" während des Betriebs die eingedrungenen Gase, und eine Palladiummembran entfernt eindiffundierten Wasserstoff.

Ein anderer Grund für das Vakuum ist die Zerstörung der selektiven Beschichtung auf dem Absorber durch Luft-Sauerstoff, was zu zusätzlichen Wärmeverlusten führt.

Während der einzelnen Herstellungsschritte des Absorbers herrscht ein Vakuum, das zwei Größenordnungen über dem nominalen Neuwert des Vakuums liegt, das wiederum zwei Größenordnungen besser ist als das im Betrieb zulässige. Die Absorber werden nach dem Herstellungsprozeß für 6 Stunden in einen Ofen mit Hochvakuum von 10–6 bar und einer Temperatur bis über 400 °C ausgelassen.

Während die „Getter" eine begrenzte Aufnahmekapazität haben, kann die Membran zum Entfernen von Wasserstoff unbegrenzt funktionieren. Sie basiert auf Palladium mit einer Silberlegierung und muß erhitzt werden, da der Mechanismus erst ab 350 °C wirksam ist. Messungen an Absorberrohren mit Thermoöl als Wärmeübertrager haben bestätigt, daß ein Vakuum von 10–4 bar auch nach einigen Jahren Betrieb gehalten werden kann.

Bei der Direktverdampfung mit Wasser/Dampf als Wärmeträger- und Arbeitsmedium ist die Wasserstoffpermeation in den evakuierten Raum ein stärkeres Problem, als mit Thermoöl eine den Anforderungen angepaßte Membran zu konstruieren. Die Oberfläche der wasserstoffentfernenden Membran muß natürlich der Permeationsrate gewachsen sein – dies ist nach Studien unter Bedingungen mit statischen Drücken und verschiedenen Materialien möglich. Obendrein empfiehlt es sich, beim Betrieb die Wasserqualität zu überwachen, da die freiwerdende Wasserstoffmenge von der Korrosionsrate abhängt, die durch chemische Reaktionen zwischen dem Dampf und den Metallrohren hervorgerufen wird. Eine Magnetitschutzschicht, die durch eine Dampfbehandlung des Metallrohres erzeugt wird, kann die Korrosionsrate vermindern.

Edelstahlrohre haben eine wesentlich niedrigere Permeationsrate als Rohre aus Kohlenstoffstählen und niedrig legierten Stählen. Andererseits haben die letzten beiden Stahlsorten wesentlich bessere thermische Eigenschaften (z.B. eine bessere Wärmeleitung), so daß die endgültige Auswahl der Materialien für DSG zusammen mit dem besten Prozeß und seinen Anforderungen getroffen werden sollte. Experimente haben gezeigt, daß Kohlenstoffstähle durch Dampfbehandlung eine ähnliche Permeationsrate erzielen können, die Stabilität der Magnetitschicht muß jedoch weiter untersucht werden.

2.6.3.6
Reflektoren für Parabolrinnen

Eine bedeutende Verbesserung in der Kollektor-Konstruktion wird erst durch eine Integration des Reflektors als Teil der tragenden Struktur möglich. Dies hängt von der Verfügbarkeit eines dünnen, leichten und widerstandsfähigen Reflektors ab, der für diese Integration geeignet wäre. In der Regel sind dies Vorderseiten-Reflektoren auf Foliensubstraten aus Kunststoff oder Metall, die potentiell bessere Reflexionswerte bieten könnten. Die Entwickler müssen die hohen Anforderungen an die spektrale Reflektion, die mit den heutigen Glasreflektoren erreicht werden, mit einer widerstandsfähigen Oberfläche (wegen Reinigung mit Bürsten) und weiteren umweltbedigten Anforderungen vereinen. Die Entwicklungsbemühungen fanden in verschiedenen Firmen und Forschungslabors statt, und das bestbekannte Produkt ist die Folie 305+ von 3M; die besten optischen und mechanischen Eigenschaften wiesen allerdings die Proben der Firma LUZ im Jahr 1991 auf. Die gewöhnlich erreichten Reflexionswerte bewegen sich für das gesamte solare Spektrums zwischen 0,95 und 0,96. Abbildung 2.39 zeigt die Reflektivität über der Wellenlänge.

Um die Kosten der Reflektoreinheit und der Metallstruktur mit herkömmlichen Glasspiegeln weiter zu reduzieren, kann die Größe der Reflektorfacetten erhöht werden. Frühere Untersuchungen haben ergeben, daß die Fläche der Reflektoren bei gleichbleibender Materialstärke um 45 % gesteigert werden könnte. Eine stärkere Vergrößerung als die 45 %, verglichen mit den heute üblichen Abmessungen, würde die Materialstärke erhöhen, was zu höherem Gewicht des Reflektors und folglich auch der Tragestruktur führen würde.

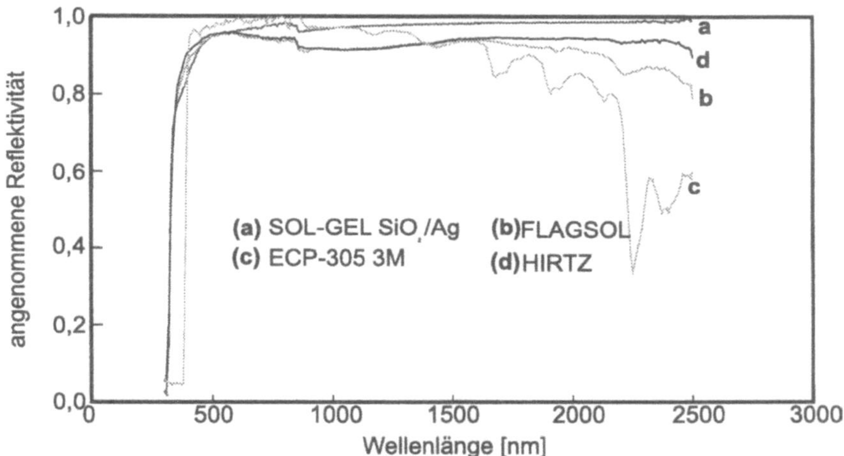

Abb. 2.39. Reflektivität verschiedener Reflektoren

Ein interessantes Konzept, das noch untersucht wird, ist der sogenannte „verstärkte Glasspiegel"; es besteht aus einer Art Sandwichstruktur mit einem Glasreflektor an der Vorderseite und einem Stahlblech oder faserversärktem Kunststoff an der Rückseite. Die Glasstärke bleibt entweder unverändert – zum Beispiel für eine Verstärkung der Spiegel für Stellen mit höheren Wind- oder Strukturlasten – oder sie wird vermindert, um Gewicht zu sparen. Ein weiteres denkbares Konzept ist der rippenverstärkte Glasspiegel – wobei die Verbindung der Spiegel zu den verstärkenden Rippen in ähnlicher Weise erfolgen könnte wie die Verbindung der keramischen Pads bei LS-3.

2.6.3.7
Nachführsysteme für Parabolrinnen

Die Sensoren und Kontrolleinheiten zur Nachführung sind sehr zuverlässig und dem Prinzip nach in zukünftigen Kollektoren anwendbar; Kostenreduktionen könnten sich aus geringeren Kosten für Elektronikbauteile ergeben, neue Entwürfe erscheinen jedoch nicht nötig; auch nicht für die Direktverdampfung.

Beim Kollektorantrieb beweist die Erfahrung aus den Anlagen SEGS VIII und IX eine hohe Zuverlässigkeit der dort eingesetzten Hydrauliksysteme. Daher würde es Sinn machen, diese Konstruktion an die zukünftigen Kollektoren anzupassen.

2.6.4
Direktverdampfung

2.6.4.1
Einführung

Die Direktverdampfung (DSG) in Parabolrinnen wird als der nächste große Schritt in der Evolution der Parabolrinnentechnologie angesehen, sie verspricht geringere Kosten und höhere Energieausbeute. Die technische Machbarkeit wurde in einigen Studien und Labortests untersucht. Bezüglich der Effizienzsteigerung werden von der Direktverdampfung die Verringerung von Wärmeverlusten und der Pumpenergie im Solarfeld durch das Eliminieren des Thermoöls bzw. des Primärkreislaufs erwartet sowie eine Erhöhung des jährlichen Wirkungsgrads des Wasser-Dampf-kreislaufs durch bessere Dampfparameter. Bezüglich der Investitionskosten werden Einsparungen durch den Wegfall des Thermoöls, seines Aufbereitungssystems und der Wärmetauscher erwartet.

Zum anderen kann dieses Konzept zu neuen Problemen durch Instabilitäten bei der Zweiphasen-Strömung im Solarfeld führen, wo das Speisewasser in Dampf umgewandelt und überhitzt wird. Die Verrohrung im Solarfeld muß sehr hohen Drücken standhalten (100–140 bar, im Gegensatz zu 35 bar und darunter bei einem Thermoölsystem). Mit Einführung der Direktverdampfung werden bei der Auslegung des Solarfeldes erhebliche Änderungen erforderlich, die – wie jeder größere Technologiewechsel – entsprechende Entwicklungsarbeiten und Feldversuche erforderlich machen. Abbildung 2.40 zeigt die Entwicklung der Parabolrinnenkollektoren der Firma LUZ. Sie zeigt auch die Abmessungen der Entwurfsplanung von LS 4, der Kollektorgeneration, die von LUZ zum Einsatz in einem Solarfeld mit Direktverdampfung vorgesehen war.

2.6.4.2
Gegenüberstellung von Thermoöl und Wasser-Dampf

Die Verwendung der verschiedenen Wärmeübertrageröle in den SEGS-Anlagen hat durch ihre thermische Stabilität die maximal erzielbare Solarfeldauslaßtemperatur begrenzt. Des weiteren ist das synthetische Öl toxisch, und deshalb müssen sehr strenge Auflagen erfüllt werden. Schließlich ist es auch teuer. Die Suche nach alternativen Wärmeübertragermedien wurde durch Kostenreduktion, Effizienzverbesserung des Solarfeldes und Flexibilität bei der Auswahl der Kraftwerkskomponenten – es können DSG-Turbinen mit gängigen Parametern verwendet werden – motiviert.

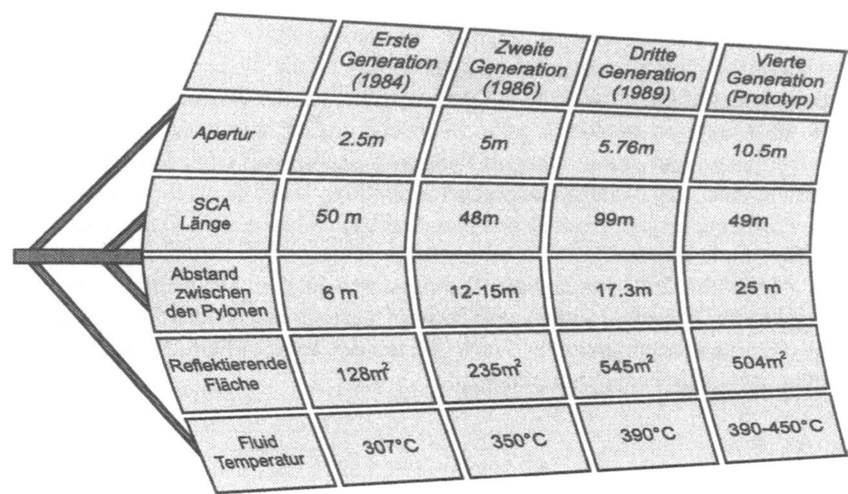

Abb. 2.40. Evolution der Solarkollektoren

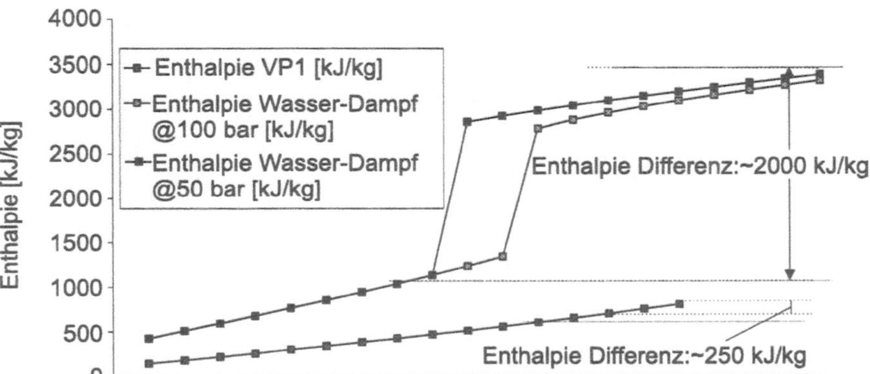

Abb. 2.41. Enthalpien von Wasser-Dampf und VP1-Thermoöl

Neben der Temperaturbegrenzung hat das synthetische Öl (VP-1 von Monsanto) einen weiteren – wenn auch weniger schwerwiegenden – Nachteil, nämlich seine im Vergleich zu Wasser/Dampf niedrige Wärmekapazität, die in dem relevanten Temperaturbereich nur etwa 2,4 kJ/kgK beträgt (siehe Abbildung 2.41). Deshalb muß ein hoher Massenfluß im Solarfeld herrschen, um die Wärmeenergie einzusammeln. Im Vergleich zu Wasser ist er 8–10 mal größer, was zu wesentlich höheren Druckverlusten und damit höherem Pumpaufwand als mit DSG führt. Der Enthalpiesprung durch die Vedampfung ist offensichtlich. Da es desweiteren beim Dampf keine Probleme mit der thermischen Stabilität gibt, können auch Temperaturen über 500 °C erreicht werden.

In Abbildung 2.42 werden die Temperaturen in den Abschnitten entlang des Solarfelds für Thermoöl und Wasser/Dampf gezeigt, die für das Erreichen identischer Turbinendampfparameter (nach Werten der neuen SEGS-Anlagen) benötigt werden, sowie die dazugehörigen Wärmeverluste.

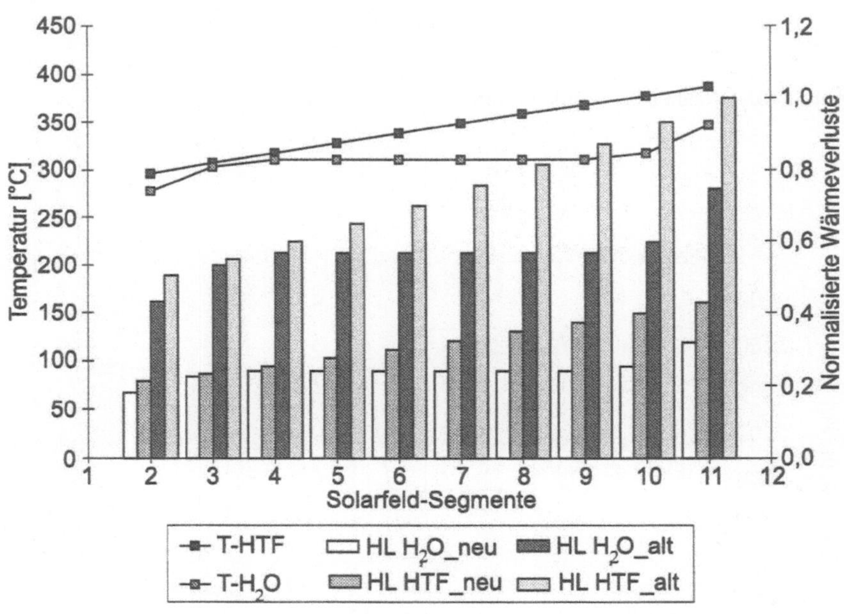

Abb. 2.42. Temperaturen und Wärmeverluste im Solarfeld mit Thermoöl und DSG

Es ist zu erkennen, daß die Temperaturen des Thermoöls stets über denen des Wassers und des Dampfes liegen, da die Wärme im Wärmetauscher auf das Wasser erst übertragen werden muß und gleiche Frischdampftemperaturen erzielt werden.

Dies gilt insbesondere für den Bereich der Verdampfung, wo die Temperaturen des Wasserdampfes (hier 311 °C bei 100 bar) konstant bleiben, während ihr Energiegehalt steigt (latente Wärme). Die Wärmeverluste werden sowohl für die „alte" als auch die „neue" Cermetbeschichtung[13] aufgezeigt, letztere mit einem verbesserten Absorptions-Emissions-Verhältnis. Die stärksten Unterschiede können in den Abschnitten am Ende des Verdampfung und in der Überhitzung beobachtet werden, wo auch die Temperaturunterschiede am größten sind. Es ist auch offensichtlich, daß durch die relativen Vorteile der DSG wegen der ausgezeichneten Leistungsfähigkeit des neuen Cermets geringer werden.

2.6.4.3
Probleme des Direktverdampfungsprozesses

Die Zweiphasenströmung in einem DSG-Solarfeld führt einige thermohydraulische Probleme mit sich. Es besteht die Gefahr, daß sich große Temperaturgradienten in den Absorberrohren bilden, die sie zerstören könnten. Des weiteren sind die transienten Phänomene wie das tägliche Auf- und Abfahren nicht restlos geklärt, und es gibt Ungewißheiten bezüglich der Stabilität von Systemen mit parallelen Kollektorsträngen. Diese beiden Punkte könnten zusätzliche Ausrüstungskomponenten zur Beherrschung aller Betriebszustände nötig machen oder die Gesamt-Leistungsfähigkeit verringern. Es soll an dieser Stelle darauf hingewiesen werden, daß die Strömungsprobleme mit DSG nur deshalb entstehen, weil sich Abmessungen und Orientierung (horizontal anstelle von vertikal) der Verrohrung im Solarfeld von denen konventioneller Verdampfungsanlagen sehr unterscheiden. Somit befinden sich die Strömungsparameter z.T. sehr weit außerhalb der bisher untersuchten Bereiche.

Der Unterschied zwischen den Stömungen im geneigten und im horizontalen Verdampfungsrohr ist in den Abbildungen 2.43 und 2.44 dargestellt: In Abhängigkeit von den Oberflächengeschwindigkeiten der flüssigen und gasförmigen Phase sind 4 Strömungsformen möglich: Blasenströmung, Pfropfen/Schwallströmung, Schichtenströmung und Ringströmung; eine höhere Geschwindigkeit des Fluids bedeutet einen höheren Massenstrom im Absorber.

Im Bereich der geschichteten Strömung bleibt das Wasser im unteren Bereich des Rohres, während sich getrennt davon der Dampf oben befindet. Das Ergebnis dieser Strömungsschichtung ist ein inhomogener Wärmeübergangskoeffizient um den Rohrumfang herum, was hohe zeitlich wechselnde Temperaturgradienten (bis über 100 K) zwischen den oberen und unteren Teilen des Rohres bewirkt; diese können das Absorberrohr durch thermische Spannungen und Biegung zerstören.

---

[13] Für das „alte" Cermet wurden für ε Werte von 0.15, für das „neue" 0.08 bei 350°C genommen. Der genaue Emissionsfaktor ist von der Temperatur abhängig.

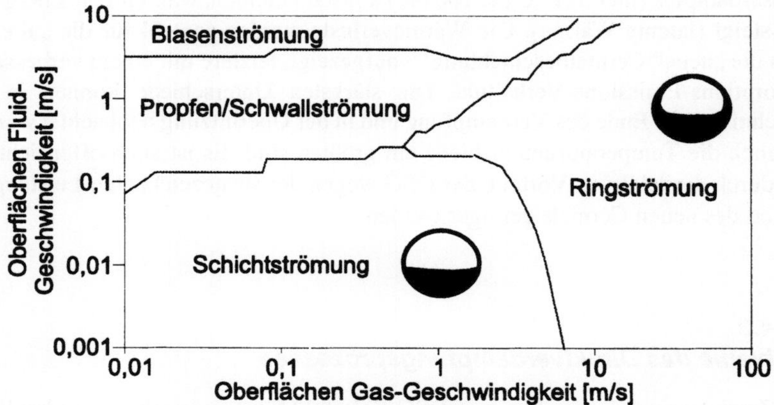

Abb. 2.43. Formen der Zweiphasenströmung in horizontalen Rohren

Bei der Ringströmung bleibt zwar auch der untere Bereich des Rohres teilweise Schichtströmung, ein dünner Wasserfilm bleibt jedoch an der Oberseite bestehen und benetzt das Rohr gerade stark genug, um einen guten Wärmeübergangskoeffizienten im ganzen Rohr sicherzustellen. Damit kann die strukturelle Integrität des Absorbers gewährleistet werden. Sowohl bei der Blasen- als auch der Pfropfenströmung gibt es überall einen guten Wärmeübergangskoeffizienten, d.h. diese Strömungsformen sind unkritisch.

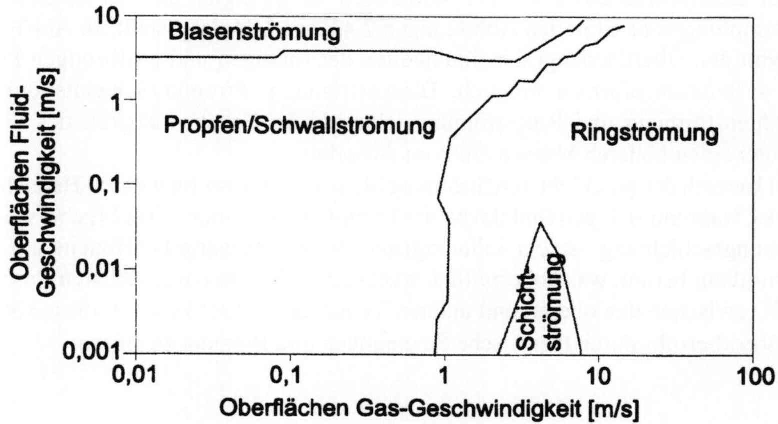

Abb. 2.44. Mögliche Formen der Zweiphasenströmung in geneigten Rohren

Die Abbildung 2.44 zeigt deutlich, daß der Bereich der Schichtenströmung in einem geneigten Rohr wesentlich geringer als im waagerechten ist. Das hat Auswirkungen auf das Solarfeldsystem. Je kleiner der Bereich der Schichtenströmung, desto größer ist die Spanne zwischen den unteren und oberen Begrenzungen des Massendurchflusses. Das Solarfeld kann besser geregelt werden, womit die Gefahr der hohen Temperaturgradienten in transienten Zuständen des Systems verringert wird. Geneigte Absorber können nur mit geneigten Kollektoren realisiert werden: Dies bringt Änderungen am bestehenden Kollektorkonzept mit sich (siehe oben), und könnte in der Praxis wegen höherer Kosten ungünstig sein.

Da bei den SEGS-Anlagen in Kalifornien immerhin 15 % des Stroms bei partiellen Wolkenverschattungen zu erzielen sind, ist es wichtig, den Betrieb auch unter diesen Bedingungen aufrecht zu erhalten. Unter ungleichmäßiger Sonneneinstrahlung werden aber beim Direktverdampfungsprozeß möglicherweise Instabilitäten in parallelen Strängen von Kollektoren ausgelöst, die es bereits durch die Auslegung des Prozesses und Solarfelds zu vermeiden gilt. Verschiedene Instabilitätsmechanismen wurden hierbei identifiziert: Die Ledinegg-Instabilität, akustische Oszillationen, Druckverlustschwankungen und –oszillationen, Instabilitäten durch Änderung der Strömungsform und Dichtewellen.

Umfangreiche Experimente werden nötig sein, um effektive Prozeduren zum Anfahren zu entwickeln, wobei zwei Optionen untersucht werden müssen: das „kalte" Anfahren, mit Anfangstemperaturen unter 100 °C und der „heiße" Start mit Temperaturen darüber. Letzterer könnte verwirklicht werden, wenn die nächtliche Auskühlung gering bleibt oder nach einer kleinen Betriebsunterbrechung tagsüber.

Schließlich ist bei der Direktverdampfung mit Wasser/Dampf als Medium die Wasserstoffpermeation in die Vakuumisolation der Absorberrohre ein stärkeres Problem als bei Thermoöl. Die Materialauswahl sowie das Gesamtkonzept der Absorber muß darauf abgestimmt werden.

2.6.4.4
Optionen für den DSG-Prozeß

Für die Erzeugung von Dampf in den Absorberrohren der Parabolrinnenkollektoren sind 3 Prozesse denkbar; wie in Abbildung 2.45 dargestellt, sind dies der Zwangsdurchlaufprozeß („Once-through"), der Einspritzprozeß („Injection") und der Zwangsumlaufprozeß („Recirculation").

Alle diese drei Optionen benötigen ein Solarfeld, das aus langen Reihen in Serie geschalteter Parabolrinnenkollektoren aufgebaut ist, um den kompletten Prozeß mit Speisewasservorwärmung, Verdampfung und Überhitzung zu bewerkstelligen. Einige Integrationsvarianten solarthermischer Systeme erfordern nur Sattdampferzeugung, die Überhitzung findet im Kraftwerk statt. Damit vereinfacht sich das DSG-Solarfeld in seinem Aufbau.

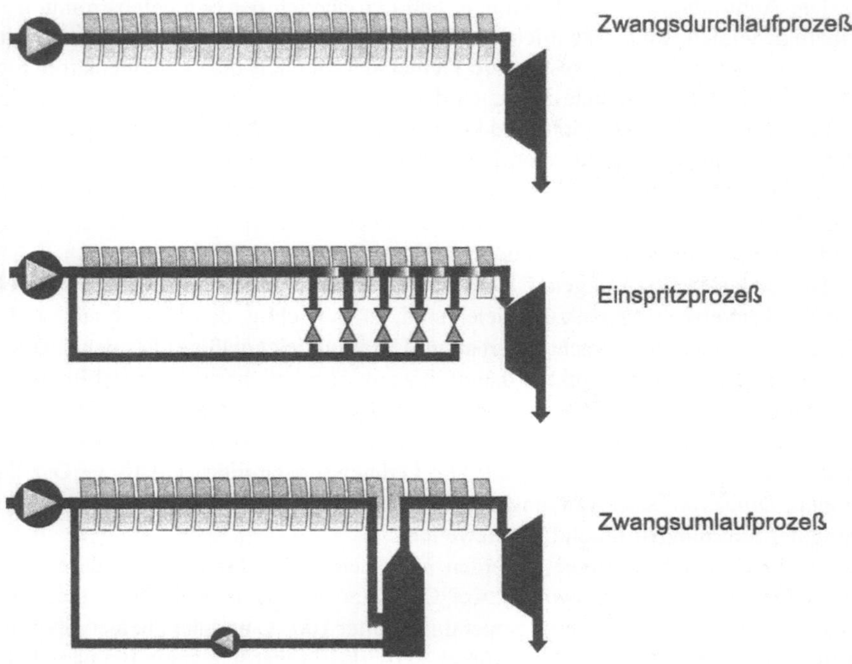

Abb. 2.45. Drei Grundoptionen für den DSG-Prozeß

Im Durchlaufprozeß wird das gesamte Speisewasser vorgewärmt, verdampft und überhitzt. Der Hauptvorteil dieses Prozesses ist seine Einfachheit, während seine größte technische Unsicherheit in der Kontrollierbarkeit der Dampfparameter unter wechselnden Einstrahlungsbedingungen liegt. Gefährliche Temperaturgradienten im Absorberrohr werden durch das Aufrechterhalten eines Mindestmassenstroms oder durch Neigen des Kollektors vermieden.

Beim Einspritzkonzept sollen die gefährlichen Strömungsinstabilitäten durch das Einspritzen geringer Wassermengen entlang der Kollektorreihe vermieden werden. Der Vorteil dieses Konzepts ist die ausgezeichnete Kontrolle der Dampfparameter. Allerdings wird das gesamte System durch die Einspritzung wesentlich komplexer und auch entsprechend teurer.

Die dritte Option, der Umlaufprozeß, ist der konservativste Ansatz von allen. Der Massenfluß des Speisewassers am Einlaß ist höher als der Dampfstrom, der vom System erzeugt werden soll. Das überschüssige Wasser in der Verdampfungsstrecke stellt eine gute Benetzung der Absorberrohre sicher und vermeidet die Schichtströmung. Ein Teil des Wassers wird in den Kollektoren in Dampf umgewandelt. Am Ende der Verdampfungsstrecke ist ein Dampfabscheider eingebaut, durch den das Wasser getrennt und mittels einer Umwälzpumpe an den Solarfeld-Einlaß zurückbefördert wird. Die Sicherheit und Kontrollierbarkeit dieser Option ist ihre Stärke, aber die Umwälzpumpe mit der nötigen Verrohrung erhöht die Investitionskosten, während das überschüssige Wasser, welches umgewälzt werden muß, den Eigenverbrauch steigert.

2.6.4.5
Optionen für eine Kollektorstruktur für DSG

Die Tragestruktur eines neuen Kollektors muß, wie die der ersten Kollektorgenerationen auch, den Lasten durch Gravitation, Wind, Seismik sowie durch Schnee und Regen widerstehen. Sie muß entsprechend ausgelegt sein, um ihre Integrität auch unter extremen Lastkombinationen sicherzustellen, und außerdem um die Verformungen durch Lasten, die beim Betrieb kombiniert auftreten, innerhalb der Spezifikationen zu halten, die eine gute optische Qualität sicherstellen.

Die Verformungen aus den Lasten führen zu einem Biegen (sowohl in der Symmetrieebene als auch senkrecht dazu) und Verdrehen (Torsion) der Tragestruktur. Falls die Reflektoren einen Teil der Tragestruktur bilden, kann bei ihnen auch eine Verzerrung und Wölbung auftreten. Letzteres ist natürlich bei selbsttragenden Glasspiegeln, die elastisch an die Kollektor-Tragestruktur angebracht sind, nicht der Fall.

Die Verformungen führen auch dazu, daß sich der Absorber aus dem Brennpunkt herausbewegt. Das Biegen der Tragestruktur ist dabei weniger schwerwiegend, da der Absorber der Verformung folgt. Dagegen müssen das Verdrehen des Kollektors und die Verzerrung einzelner Reflektoren[14] streng innerhalb der Toleranzen gehalten werden, da sie den optischen Wirkungsgrad verschlechtern.

Für die Tragestruktur wurden bisher bei LS-3 und den Kollektor-Generationen davor 1 oder 2 Hauptträger verwendet, die Biegung und Torsion widerstehen, verbunden mit Querrippen, die die Glasspiegel tragen. Dieses Konzept könnte sich bei einer Vergrößerung der Apertur, entweder aufgrund von zu starken Verformungen oder zu hohem Gewicht, als ungeeignet erweisen. Die zukünftige Struktur müßte sich bevorzugt über die gesamte Apertur ausdehnen. Im allgemeinen kann die optische Qualität durch eine Senkung der kumulierten Toleranzen des fertiggebauten Kollektors verbessert werden, was durch das Verringern der Anzahl der tragenden Hauptkomponenten erzielt werden kann.

---

[14] Dies trifft insbesondere auf nicht-selbsttragende Reflektoren zu, die Teil der tragenden Struktur sind.

LUZ hatte bei der DSG-Entwicklung Parameterstudien durchgeführt, die anzeigten, daß das Kosten-Nutzen-Verhältnis (die technische und ökonomische Effizienz) im Vergleich zum LS-3-Kollektor durch folgende Maßnahmen verbessert werden kann:

- Die Brennweite von 1,71 m auf 2,15 m vergrößern und dabei die Apertur von 5,76 m auf 10,75 m erweitern.
- Den Randwinkel von 80 auf 100 Grad oder mehr zu erhöhen und damit die Strahlungsverteilung über den Umfang des Absorberrohrs zu vergleichmäßigen.
- Eine Anstellung der Drehachse des Kollektors[15] realisieren (die damit nicht mehr horizontal ist), um damit mehr Strahlung einzufangen und bei DSG den Wärmeübergang durch das Vermeiden von Schlichtenströmung zu verbessern.
- Die Länge der Rinne optimieren, was vom Strukturkonzept, von der Absorberrohrlänge und natürlich vom Anstellwinkel abhängt.
- Die Fläche einzelner Spiegel um 45 % zu erhöhen.

Abbildung 2.46 gibt die Größenverhältnisse des geplanten und von LUZ einmal als Prototyp gebauten LS-4-Kollektors mit den dort angegebenen Parametern wieder. Diese optimalen Parameter werden natürlich von der Wahl der Direktverdampfung als Prozeß beeinflußt, sie könnten bei einer zukünftigen Parabolrinne auf Thermoölbasis anders ausfallen.

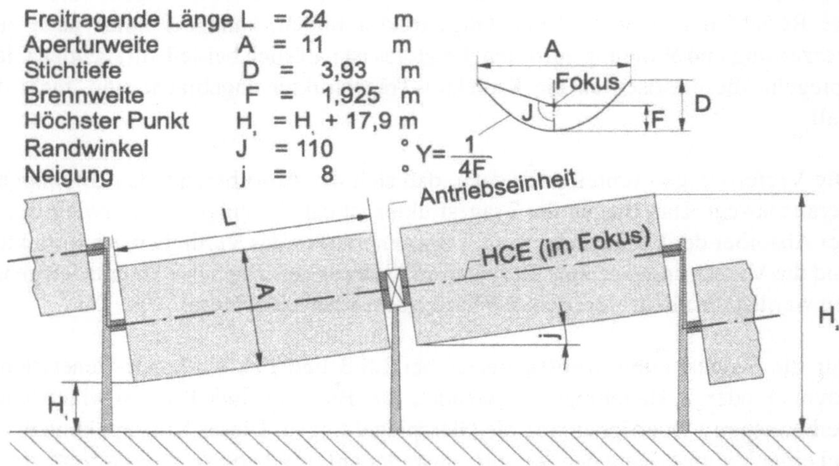

Abb. 2.46. Geometrie eines LS-4-Kollektors

Abbildung 2.47 veranschaulicht die „Silhouetten" des LS-4-Kollektors im Vergleich zum LS-3. Wenn man die beeindruckenden Abmessungen des LS-3-Kollektors in den SEGS-Solarfeldern vor Augen hat, gibt diese Skizze ein Gefühl für die Dimensionen der LS-4-Konstruktion. Dabei fällt insbesondere die imposante Höhe auf.

[15] Früher ging man von einem optimalen Anstellwinkel von 8° aus, heute wird dagegen angenommen, daß bereits bei einigen Grad Neigung die DSG-Strömung stabil bleibt

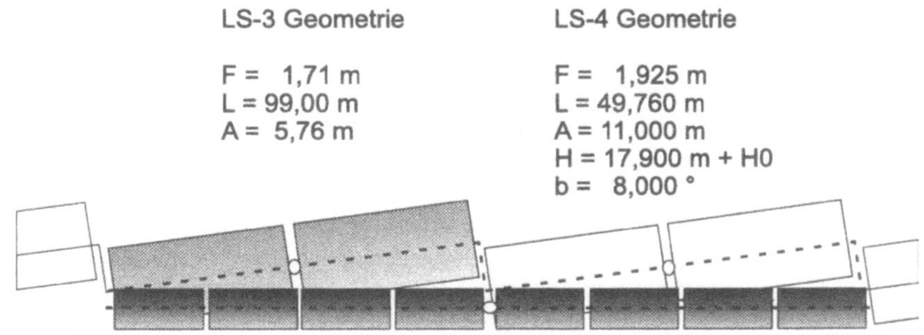

Abb. 2.47. Vergleich LS-3- und LS-4-Abmessungen

2.6.4.6
Ergebnisse früherer DSG-Experimente

Obwohl in der Vergangenheit eine Reihe von mehr oder weniger koordinierten experimentellen Untersuchungen an DSG-Prozessen gemacht wurden - und einige heute noch weitergehen - gibt es immer noch viele offene Fragen zur DSG-Technik. Nachdem die Firma LUZ die Entwickungen 1991 einstellen mußte, ist die Forschung in Europa weitergeführt worden[16]. Dennoch konnten bis heute keine Betriebserfahrungen an maßstäblichen DSG-Systemen gesammelt werden, wie zum Beispiel das Verhalten der Strömung in einem kompletten Strang von Kollektoren. So konnten Kontrollierbarkeit, Teillastverhalten und Reaktionen auf wechselnde Wetterbedingungen bisher nur theoretisch untersucht werden. Der Betrieb paralleler Reihen ist bisher in keiner Forschungsanlage ausprobiert worden[17].

Das GUDE-Projekt, eine Kooperation von SIEMENS/KWU und DLR, nahm das Einspritzkonzept unter die Lupe. Keine der getesteten Düsentechnologien vermochte die Innenseite des Rohres auf einer Strecke von mehr als 0.5 m Länge zu benetzen, was dazu führte, daß die Verdampfung zum größten Teil in Form der Schichtströmung stattfand. Detaillierte Berechnungen haben gezeigt, daß Absorberrohre thermische Spannungen aushalten, die, je nach Material und Rohrwandstärke, Temperaturunterschieden von 50–70 K entsprechen. In manchen Kollektorabschnitten könnten mit dem Einspritzkonzept selbst solche Gradienten überschritten werden. Daher wurden Verdrängerkörper getestet, die eine bessere Verteilung der beiden Phasen und eine bessere Kühlung der Rohrwand erzielen sollten. Die bessere Kühlung durch Verdrängerkörper wird mit einem höheren Druckverlust erkauft, jedoch bietet diese Lösung auch bei niedrigen Durchflußraten einen sicheren

---

[16] Bis in die frühen achtziger Jahre wurde bei SANDIA (NM, USA) und SERI (CO, USA – heute NREL) Grundlagenforschung zur Parabolrinne mit Direktverdampfung durchgeführt.

[17] Eine sehr weit fertiggestellte Testanlage von LUZ in Sde Boker, Israel, wurde nie in Betrieb genommen; sie sah die Untersuchung der Stabilität des DSG Prozesses in parallelen Kollektorsträngen vor.

Betrieb. Der Durchmesser des Verdrängungskörpers kann je nach Lage in der Kollektorreihe und damit den Anforderungen an die Strömungsform angepaßt werden. Dieses Konzept könnte bei allen 3 DSG-Optionen angewendet werden.

Das EU-geförderte STEM-Forschungsprojekt, das Mitte 1997 abgeschlossen wurde, zielte darauf ab, die Vor- und Nachteile der verschiedenen DSG-Konzepte abzuwägen und die Kosten jeder Alternative zu berechnen. So sollte eine Basis für die weitere Richtung der Forschung gelegt werden. Daneben sollten Vorarbeiten für das Aufstellen einer maßstäblichen Testeinrichtung geleistet werden – das DISS-Projekt. Einige Ergebnisse dieser Projekte werden nachfolgend beschrieben.

2.6.4.7
Ergebnisse des STEM-Projekts

Das STEM-Projekt hat in der Art einer Machbarkeitsstudie die Leistungsverbesserungen und das Kostenreduktionepotential der Direktverdampfung in großen Solarfeldern aus Parabolrinnenkollektoren abgeschätzt, die in Dampfkraftwerken und kombinierten Gas- und Dampfkraftwerken von 100–200 MW$_{el}$ integriert sind. Die Untersuchung befaßte sich mit dem für die EU relevanten Mittelmeerraum, und die Informationen aus früheren Marktpotentialstudien wurden zusammengestellt und aktualisiert. Der Bericht beschreibt die Möglichkeiten und den Stand der Technik der SEGS- und ISCCS-Kraftwerke. Huelva (Südspanien) und Ain Benimathar (Marokko) dienten als Referenzstandorte für die konzeptionellen Kraftwerkskonfigurationen. Die verschiedenen DSG-Prozesse wurden genauer ingenieurstechnisch untersucht, mit dem Ergebnis, daß die Direktverdampfung heute technisch machbar ist. Der Nachweis und die Verbesserung der ökonomischen Realisierbarkeit erfordern aber noch weitere detaillierte Forschungen. Die bei STEM anfangs postulierte Reduktion der Stromgestehungskosten um ein Drittel erscheint mit DSG, einem verbesserten Kollektor und einer Optimierung der Kopplung des Solarfeldes mit dem Kraftwerksblock zusammen erreichbar. Um die nächsten Schritte in der Forschung vorzubereiten, wurden Testeinrichtungen für DSG-Technologien entworfen und die Möglichkeiten, den Kollektor zu verbessern und die Kosten zu reduzieren, studiert.

Für den Vergleich zwischen herkömmlicher Parabolrinnentechnik und Direktverdampfung wurden verschiedene Kollektorvarianten zugrunde gelegt. Ein LS-3+ Kollektor mit Verbesserungen gegenüber Kollektoren aus SEGS VIII und SEGS IX sind heute bereits verfügbar (daher wurde das „+" zu der Identifikation hinzugefügt). Die Verbesserungen beinhalten zum einen bessere optische Eigenschaften der selektiven Schicht, zum anderem Drehdurchführungen anstatt der flexiblen Metallschläuche, was zu Kosteneinsparungen und vor allem geringerem Energieverbrauch für das Umwälzen des Wärmeübertrageöls führt.

Als zweiter Kollektor wurde der „DS-3" eingeführt, der auf dem LS-3 basiert und für die Direktverdampfung geeignet ist. Wie aus Tabelle 2.8 hevorgeht, wurden verschiedene Zeithorizonte mit verschiedenen Kraftwerks- und Kollektorvarianten verknüpft, um herauszustellen, welche Technologien heute verfügbar sind, welche verfügbar wären, sobald der DSG Prozeß sich als durchführbar erweist, und welche noch weitere Entwicklung sowie Material- und Komponententests benötigen.

Der dritte Kollektor, der DS-4, ist an die frühere LS-4-Entwicklung angelehnt, er nimmt noch nicht verfügbare Technik - einige Komponenten sind heute nicht verfügbar oder müssen ihre Zuverlässigkeit und Standzeit noch unter Beweis stellen - voraus. Sowohl bei der Leistungsfähigkeit als auch bei den Kosten wurden Annahmen auf der Basis des heutigen Kentnisstands gemacht, wobei unterstellt wurde, daß technische Probleme gelöst und Verbesserungen umgesetzt werden können.

Tabelle 2.8. Übersicht der in STEM vorgestellten Kollektoren

	LS-3+ mitThermoöl, und Verbesserungen	DS-3: auf LS-3 basierend mit geringer Neigung für DSG	DS-4: DSG, Kollektor mit zukünftiger Technologie
Zeithorizont	Heute	Nahe Zukunft	Ferne Zukunft
Neigung	Keine	3 Grad	Kostenoptimiert, 2-6° möglich
Aperturweite	5.76 m	5.76 m	11 m
Kollektorlänge	100 m	100 m	2 x 25 m
Flexible Verbindungen	Drehdurchführungen (ersetzen flexible Schläuche)	Drehdurchführungen angepaßt an Druckverhältnisse	Drehdurchführungen, (Größe könnte problematisch sein)
Reflektor	LS-3-Größe, kleine Verbesserungen	LS-3-Größe, kleine Verbesserungen	Neue Größe, Material offen
Absorberrohr	LS-3-artig, verbesserte optische und thermische Eigenschaften	Gleiche Außenabmessungen wie bei LS-3; Wandstärke, Material und Beschichtung anders	Optimierte Geometrie, neueste verfügbare Technologie wird angewendet

Der Knackpunkt für den Erfolg aller DSG-Konzepte ist die Beherrschung der Zweiphasenströmung in den Absorberrohren, die bei Verdampfung auftritt. Eine mangelhafte Kühlung der Rohre durch inhomogene Strömungsverteilung würde dort zu inakzeptabel höheren thermischen Spannungen führen, und sie würden sich aus der Fokalachse der Parabolrinnen entfernen. Die Schätzung der Leistungsfähigkeit der gesamten DSG-Solarsysteme wurde unter der Annahme perfekten Betriebs gemacht, ohne potentielle Verluste durch Störungen und Schwierigkeiten aufgrund des transienten Betriebs zu berücksichtigen.

Um die Verbesserungen herauszustellen, die auf den Direktverdampfungsprozeß allein zurückzuführen sind, bietet das solare Dampfkraftwerk eine bessere Basis als das ISCCS, das nur geringe solare Beiträge erreicht. Vergleicht man das heutige System auf Thermoölbasis mit dem DSG-System der nahen Zukunft, wird, durch die Neigung und durch die niedrigeren Wärmeverluste bedingt, eine Steigerung der gesammelten thermischen Energie pro Quadratmeter Kollektorfläche um 3,5 % sichtbar. Auf jährlicher Basis steigt dadurch der thermische Wirkungsgrad des Solarfeldes von 51,06 % auf 52,83 %. Der jährliche Wirkungsgrad von Direktnormalstrahlung zu elektrischer Energie erreicht 19,07 %, verglichen mit 17,69 % beim Thermoöl[18]. Für die zukünftigen DSG-Dampfkraftwerke ergibt sich eine thermische Energie pro Kollektoreiheit, die um 10,8 % höher als beim Thermoöl oder 8,4 % höher als beim DSG-System der nahen Zukunft ist. Der thermische Wirkungsgrad des Solarfelds erreicht 57,26 %. Durch Neigung und weitere Verbesserungen bedingt, übertrifft der solar-elektrische Wirkungsgrad damit sogar21 %. Verglichen mit dem heutigen Stand der Technik bedeutet dies eine Verbesserung der Leistungsfähigkeit ca. 17 %.

Die einfachste DSG-Integration ist, aus heutiger technischer Sicht, die Variante mit der seriellen Integration in ein ISCCS (GuD) mit dem Umwälzprinzip, die einen sicheren Betrieb des Solarfeld ermöglicht.

Für die Berechnung der Stromgestehungskosten wurde die IEA (Internationale Energie Agentur)-Methode für die ökonomische Analyse erneuerbarer Energiequellen verwendet. Die wichtigsten projektrelevanten Kostenarten sind die Investitionskosten, die Betriebs- und Instandhaltungskosten sowie die Brennstoffkosten. Die Aufschlüsselung für die verschiedenen Generationen der solaren Dampfkraftwerke wird in Abbildung 2.48 gegeben. Die erste ist ein 80-MW-"SEGS"-Kraftwerk mit LS-3+ Kollektoren. Das zweite ist mit dem ersten identisch, bis auf das Solarfeld, das mit DSG funktioniert und aus DS-3-Kollektoren besteht. Das dritte ist ein zukünftiges 160-MW-DSG-Kraftwerk mit DS-4-Kollektoren.

Die vorgestellten Kollektorvarianten unterscheiden sich hinsichtlich der Investitionskosten. Beim DS-3-Kollektor wurden gleiche Betriebs- und Instandhaltungskosten angesetzt wie beim Thermoölsystem, während für den zukünftigen DS-4 die Annahme getroffen wurde, daß diese Kosten für das solare System um 20 % gesenkt werden können (Arbeits- und Materialkosten).

Wird das solare Dampfkraftwerk mit DSG- und DS-3-Kollektoren dem mit Thermoöl gegenübergestellt, so reduzieren sich die Stromgestehungskosten je nach Betriebsszenario um 2,7–4 %. Die zukünftigen Anlagen mit DS-4-Kollektoren und einem fortschrittlichen Kraftwerksblock führen zu Kostenreduktionen von 14–22 USD/MWh$_{el}$, oder 18–23 %, je nach Betriebsszenario, verglichen mit dem DSG-Kraftwerk der nahen Zukunft. Legt man die heutige Thermoöltechnologie zugrunde, so erreichen die Kostenreduktionen 16–25,6 USD/MWh$_{el}$, oder zwischen 20 und 26,3 %.

---

[18] Wie schon oben bemerkt, wurde ein idealer Betrieb des solaren Systems und eine nahezu vollkommene Ausnutzung der bereitgestellten Wärme vorausgesetzt.

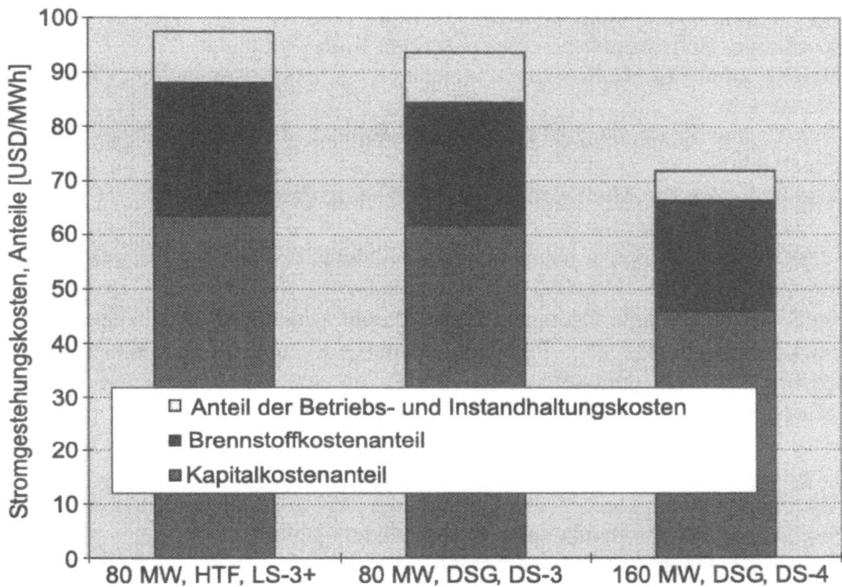

Abb. 2.48. Stromgestehungskosten von Solardampfkraftwerken

2.6.4.8
Das DISS-Projekt

Bereits durchgeführte Untersuchungen waren nützlich, um ein besseres Verständnis für die Thermodynamik der Zweiphasenströmung und für den DSG-Prozeß, der unter Bedingungen arbeitet, welchen die Solarkraftwerke ausgesetzt sind, zu bekommen. Da alle diese Untersuchungen jeweils auf einen bestimmten Direktverdampfungsprozeß und auf eine bestimmte Sektion des Absorberrohrs beschränkt werden mußten, konnten sie nicht die endgültige Machbarkeit des Direktverdampfungsprozesses beweisen. Es kam die Forderung nach einer neuen Testeinrichtung auf, die geeignet wäre, unter wirklichen solaren Einstrahlungsbedingungen jene offenen Fragen zu klären und den DSG-Prozeß im realen Betrieb zu prüfen.

Das EU-geförderte Projekt DISS (1996-1999) zielt darauf ab, die obengenannten Fragen zu der Direktverdampfung zu beantworten und insbesondere das Augenmerk auf die technische Durchführbarkeit zu richten. Kontrollierbarkeit und Stabilität des Prozesses selbst, Spannungen im Strahlungsempfänger, Materialien und Komponenten, Verluste, die erforderlichen Modifikationen im Solarfeld, die aus den verschiedenen Prozeßanforderungen stammen könnten, und die mit dieser

Technologie verbundenen Kosten werden erforscht. In der Testeinrichtung werden folgende technischen Fragestellungen verfolgt:

- Konstanter Betriebszustand eines einzelnen Kollektorstrangs.
- Betrieb und Kontrolle eines einzelnen Kollektorstrangs bei transienten Vorgängen.
- Betrieb und Kontrollierbarkeit paralleler Kollektorstränge bei ungleichmäßiger Einstrahlung.
- Durchbiegung der Absorberrohre unter realen Bedingungen.

Die Versuchsanlage, schematisch in Abbildung 2.49 dargestellt, besteht aus 2 Untersystemen: dem Solarfeld und dem simulierten Kraftwerksteil. Dort wird der vom Solarfeld erzeugte überhitzte Wasserdampf kondensiert und in Speisewasser zurückgewandelt, das zum Einlaß des Solarfeldes und zu den Einspritzstellen gepumpt wird. Es ermöglicht den Betrieb in einem geschlossenen Kreislauf, wodurch Wasser und Energie eingespart werden kann.

Die Anlage ermöglicht folgende Betriebsarten:

- Zwangsdurchlaufprozeß in einem einzelnen oder in parallelen Kollektorsträngen mit Erzeugung von Sattdampf oder überhitztem Dampf.
- Umlaufprozeß mit Dampfabscheidern, die entweder an jedem Kollektorstrang oder gemeinsam für beide Kollektorstränge geschaltet sind.
- Einspritzprozeß in einem einzelnen oder in parallelen Kollektorsträngen.
- Zwangsdurchlaufprozeß für die Verdampfung und Überhitzung mit Kontrolle durch Wassereinspritzung.
- Umlaufprozeß für die Verdampfung und Überhitzung mit Kontrolle durch Wassereinspritzung.

2.6.5
Das Kostensenkungspotential bei Parabolrinnensolarkraftwerken

Es wird erwartet, daß die Kombination aus Technologieverbesserungen, aus der mit größeren Kraftwerkseinheiten steigenden Wirtschaftlichkeit, aus Massenproduktion, Masseneinkauf und aus den Kräften des Marktes zu bedeutenden Kostenreduzierungen bei Parabolrinnensystemen führen wird. Wie die Vergangenheit zeigt, konnten bei den Anlagen SEGS I–IX die spezifischen Stromerzeugungskosten um ungefähr 50 % gesenkt werden. Ausgehend von den späteren Erfahrungen in Kalifornien wurden die Leistungsverbesserungen, die auf den bekannten Fortschritten der gegenwärtigen Technologie basieren, auf 10 % und die in künftigen SEGS-Kraftwerken möglichen Kostenreduzierungen auf 15 % geschätzt. Als Beispiel möge der Austausch der flexiblen Metallschläuche gegen Kugelgelenke im Solarfeld dienen, welcher nicht nur zu um ca. 10 % verringerten Kosten, sondern auch zu einer erhöhten Zuverlässigkeit und zu einem reduzierten Stromverbrauch der Thermoöl-Umwälzpumpen führte.

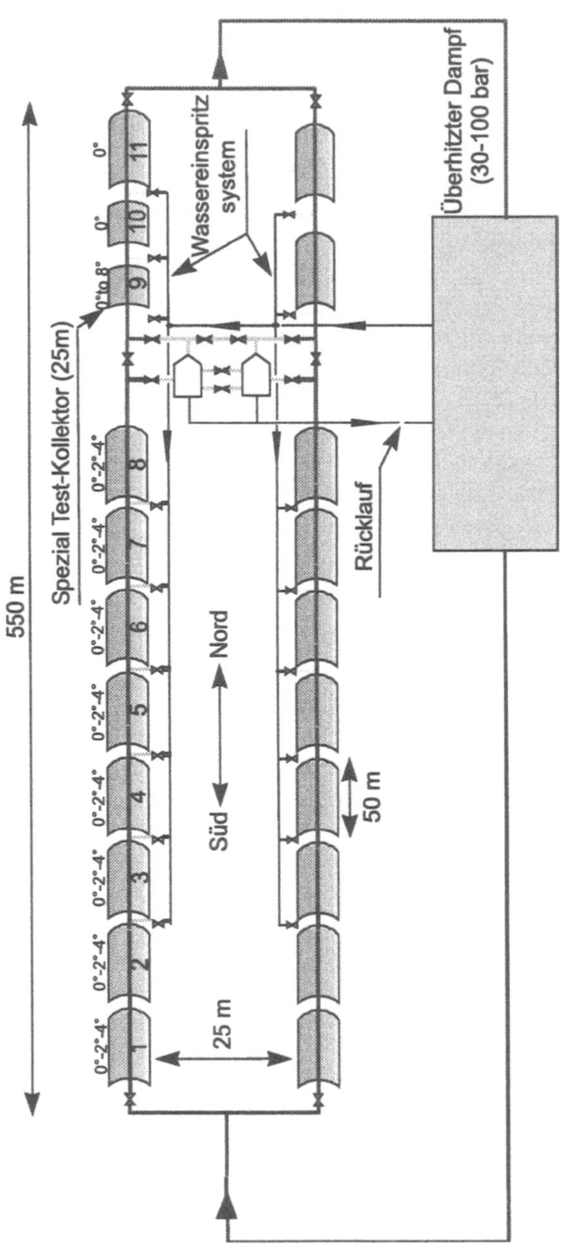

Abb. 2.49. Schema der DISS-Testanlage auf der PSA

Auch wenn solche auf einer Weiterentwicklung der Technologie basierende Fortschritte bemerkenswert sind, so steht doch außer Zweifel, daß komplementär dazu durch die Präsenz eines reifen Marktes noch zusätzlich weitere bedeutende Kostenreduzierungen zu erzielen sind. Diese Einsparungen konnten bisher aus verschiedenen Gründen bei den gebauten Kraftwerken nicht erreicht werden. Sie beziehen sich auf die Beschaffung standardisierter Materialien und Komponenten in großen Stückzahlen, Verbesserungen beim Bau der Solarfelder, geringeren Planungsaufwand, besserer Integration der solaren Dampferzeugung in das Kraftwerk und Wettbewerbsdruck auf die Lieferanten. Eine verbesserte Wirtschaftlichkeit wird sich nicht nur aus dem Bau einzelner größerer Anlagen ergeben, sondern auch aus der Ausweitung der Produktion von Solarsystemen für viele Kraftwerke.

Es ist unmöglich, die Auswirkungen all dieser Marktkräfte mit einer bestimmten Genauigkeit vorherzusagen. Ein treffendes Beispiel hierfür sind die jüngsten Erfahrungen mit konventionellen erdgasgefeuerten Kombikraftwerken. Obwohl diese eine ausgereifte Technologie darstellen, haben sich aufgrund von Standardisierung und internationalem Wettbewerbsdruck Systempreissenkungen in der Größenordnung von 25 % ergeben. Die mögliche Kostenreduktion für Parabolrinnen-Solarkraftwerke wird zum heutigen Zeitpunkt auf 45–55 % geschätzt.

3 Paraboloidkraftwerke

Die ersten Paraboloidkollektoren wurden in den USA im 19. Jahrhundert zum Schmelzen von Metallen verwendet. In Europa erhielt der Franzose Auguste Mouchout 1862 ein Patent für einen parabolischen Konzentrator mit Dampfmotor. Eine mit dieser Technik konstruierte solare Kältemaschine präsentierte Mouchout 1878 auf der Pariser Weltausstellung. Ebenso wie bei den Parabolrinnen erfolgte eine Weiterentwicklung der Paraboloidtechnologie erst infolge der steigenden fossilen Energiepreise Anfang der 80er Jahre.

Es werden zwei Möglichkeiten der Stromerzeugung mit Paraboloiden unterschieden:

Im ersten Fall wird die vom Receiver absorbierte Strahlung, d.h. die gesammelte Wärme einer direkt im Brennpunkt angeordneten Wärme-Kraft-Maschine zugeführt. Bei dieser handelt es sich überwiegend um den Stirling-Motor (Dish/Stirling-Anlage). Alternativ können auch Motoren verwendet werden, die sich z.B. des organischen Rankine-Kreislaufs oder des Brayton-Kreislaufs bedienen; aufgrund geringerer Leistungsfähigkeit und damit untergeordneter Bedeutung werden diese Möglichkeiten hier nicht weiter betrachtet. Der Motor wandelt die eingespeiste Wärme in mechanische Wellenleistung um, die ein direkt an die Kurbelwelle des (kinematischen) Motors angeflanschter Generator in elektrische Energie umsetzt. Typische Dish/Stirling-Anlagen liegen im Leistungsbereich von 5–50 kW_{el} bei Durchmessern der Paraboloide von 7–17 m. Die Konzentrationsverhältnisse bewegen sich im Bereich von 300–4000, die Temperaturen des Arbeitsgases liegen zwischen 620 und 750 °C. Eine fossile Zusatzfeuerung ist möglich, während ein Speicher aus Gewichts- und Platzgründen ausscheidet. Der Vorteil dieser Technik besteht in dem Wegfall des langen und verlustbehafteten Transports der Wärme zur zentralen Umwandlungseinheit, der Nachteil in der hohen beweglichen Masse aufgrund der spezifischen Anordnung des Motors im Brennpunkt. Dish/Stirling-Anlagen besitzen mit 20–30 % die höchsten Spitzenwirkungsgrade aller solarthermischen Stromerzeugungsanlagen; die mittleren Gesamtwirkungsgrade belaufen sich auf 16–25 %.

Im anderen Fall der parabolischen Stromerzeugung wird die absorbierte Wärme mit Hilfe eines Wärmeträgerfluids (Thermoöl, Wasser/Dampf) von einer größeren Anzahl von Paraboloiden zu einer zentralen Wärme-Kraft-Umwandlungseinheit (Wasser/Dampf oder organischer Rankine-Kreislauf) transportiert. Die Anlagenschemata entsprechen denen der Parabolrinnenkraftwerke, so daß Einstrahlungsschwankungen hier sowohl durch Speicher- als auch Hybridbetrieb ausgeglichen werden können. Die Anlagenleistungen liegen höher als bei den Dish/Stirling-Anlagen und reichen in den MW-Bereich. Die aufgrund der stärkeren Konzentration gegenüber Parabolrinnen möglichen höheren Temperaturen können bei Verwendung des Thermoöls wegen seiner thermischen Instabilität nicht ausgenutzt werden. Die direkte Dampferzeugung, die auch Gegenstand von Forschungsarbeiten bei der Parabolrinnentechnolgie ist, wurde hier bereits in die Solarplant-1-Anlage integriert (vgl. Abbildung 3.3).

Den Dish/Stirling-Anlagen werden insgesamt bessere Marktchancen, insbesondere in der dezentralen Stromversorgung abgelegener, nicht an ein Netz angebundener Regionen eingeräumt.

3.1
Komponenten

Das Paraboloidkraftwerk besteht aus folgenden Komponenten:
* Kollektor bzw. Kollektorfeld mit zweiachsig parabolisch gekrümmten Konzentratoren, Tragstruktur und Nachführeinrichtung
* Receiver, im Brennpunkt angeordnet
* Stirling-Motor, ebenfalls im Brennpunkt angeordnet, mit dem Receiver als Erhitzerkopf; oder zentraler Wärme-Kraft-Umwandlungseinheit
* im Fall der Dish/Stirling-Anlage: fossile Zufeuerung (als Option), im Fall der zentralen Stromgestehung: fossile Zufeuerung und/oder Speicher (als Option)
* Kontrolleinrichtungen.

3.1.1
Konzentrator

Für den Konzentrator ist eine hohe Reflektivität, Wetterbeständigkeit sowie eine durch Leichtbauweise kostengünstige Tragstruktur anzustreben. Grundsätzlich wurden zwei verschiedene Bauweisen ausgeführt:

Facettierte Glas/Metall-Bauweise

Ein- oder zweiachsig gekrümmte, verspiegelte Glassegmente mit gleichen oder an das Paraboloid angepaßten unterschiedlichen Krümmungsradien werden hier auf eine stählerne Tragstruktur montiert und einzeln ausgerichtet. Das gesamte System wird entweder polar oder azimutal aufgehängt und zweiachsig der Sonne nachgeführt. Abbildung 3.1 zeigt die mit dieser Konzentratortechnik gebaute Dish/Stirling-Anlage MDAC (McDonnell Douglas/United Stirling).

Abb. 3.1. 25-kW Dish/Stirling-Anklage MDAC, USA

Membranbauweise

Dünne Edelstahlblechstreifen werden an einem Druckring befestigt und gespannt, wobei die vordere Membran plastisch unter Verwendung von Lasten wie Wasser und/oder Unterdruck in ein Paraboloid verformt wird. Anschließend wird die vordere Membran mit dünnen (0,6–0,8 mm dicken) Spiegelsegmenten (Glasspiegel oder metallbeschichtetes Polymer) belegt. Der so entstehende verwindungssteife Reflektor wird ebenfalls entweder polar oder azimutal aufgehängt und zweiachsig mit entsprechenden Stellmotoren der Sonne nachgeführt. Anstatt der dünnen Edelstahlbleche kann als Membran auch direkt eine Polymerfolie mit einer metallbeschichteten Oberfläche verwendet werden. Neben der Bauweise mit einer Facette (Abbildung 3.2) kann der Reflektor auch aus mehreren Facetten (Abbildung 3.3) zusammengesetzt sein.

Abb. 3.2. Dish/Striling-Anlage SBP 9 kW in Almeria, Spanien

Abb. 3.3. 4,88-MW-Solarplant1-Anlage mit zentraler Stromgestehung, Kalifornien

Mit beiden Konzepten konnten die exakten Spiegelkonturen ausreichend abgebildet werden, so daß gute bis sehr gute optische Leistungsfähigkeiten erzielt wurden. Darüber hinaus wiesen die Konzentratoren hohe technische Verfügbarkeiten auf, die teilweise Werte von 100 % über einen Zeitraum von mehreren Jahren erreichten. Mittlere Konzentrationsfaktoren von über 2000, maximale Konzentrationsfaktoren von über 10.000 und Konzentratorwirkungsgrade von 80 bis zu 90 % konnten verwirklicht werden. Die Membrantechnik begünstigt die Leichtbauweise, weist deswegen die geringeren spezifischen Kosten (Abbildung 3.4) und eine zunehmende Verwendung bei geplanten Anlagen auf.

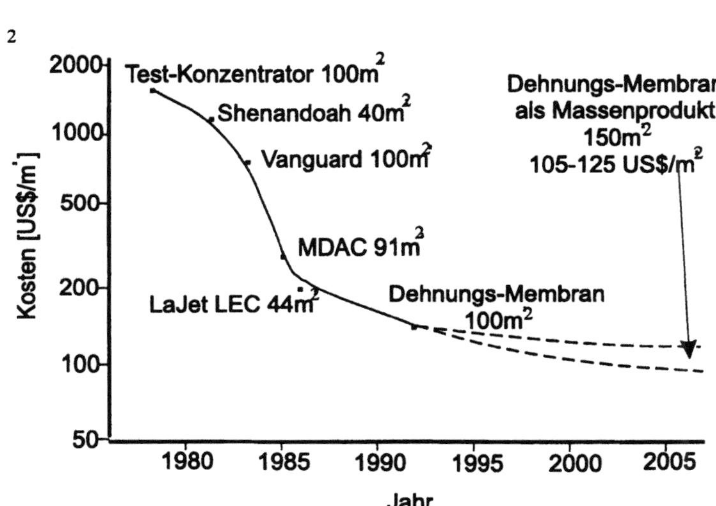

Abb. 3.4.   Spezifischer Kostenverlauf von Konzentratoren

3.1.2
Dish/Stirling-Receiver

Die bisherigen Dish/Stirling-Receiver wurden als Rohrreceiver ausgeführt (Abbildung 3.5).

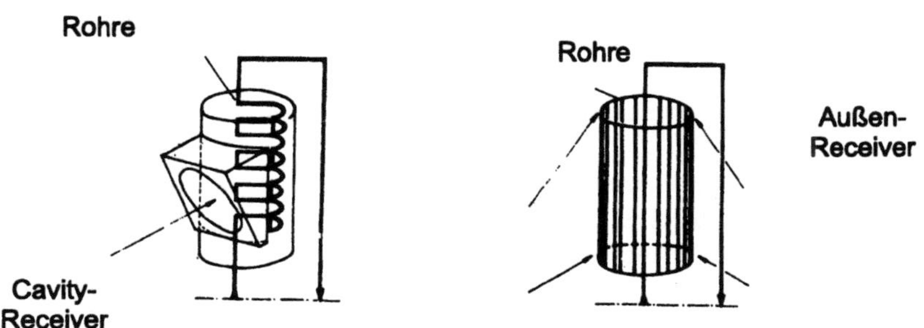

Abb. 3.5.   Rohrreceiver-Konzepte

Sie bilden mit dem Stirling-Motor bzw. dessen Erhitzerkopf eine kompakte Einheit und werden zusammen im Brennpunkt des Paraboloids angeordnet. Die Rohre, die einen Außendurchmesser von 2,5–4,5 mm besitzen, sind aus hochtemperaturfesten Werkstoffen wie z.B. Inconell 625 gefertigt, das eine Materialtemperatur von ca. 900 °C erlaubt. Das durch die Rohre strömende Arbeitsgas des Stirling-Motors (Wasserstoff oder Helium) heizt sich auf etwa 750 °C auf. Ein Nachteil dieses Receivertyps, dessen Wirkungsgrad bei etwa 85 % liegt, besteht in der ungleichmäßigen Beheizung der Rohre. Die mittleren Strahlungsbelastungen liegen im Bereich von 30–80 W/cm^2. Abbildung 3.6 stellt den bei der Dish/Stirling-Anlage Vanguard verwendeten Cavity-Receiver dar.

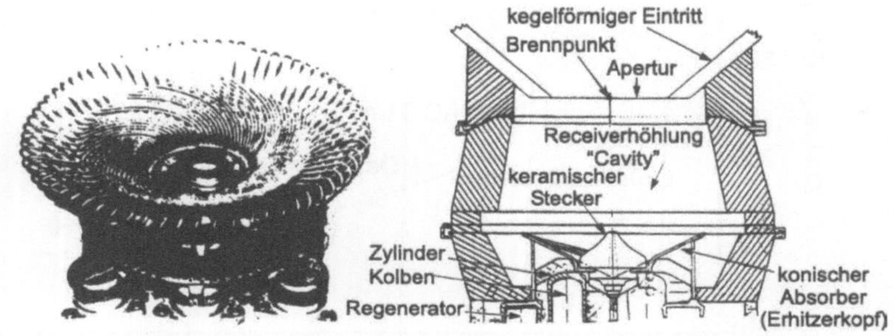

Abb. 3.6.   Cavity-Receiver der Advanco Vanguard 1 Anlage, Kalifornien

Weiterentwicklungen der Receiver-Technologie zielen auf eine Erhöhung der Arbeitstemperatur und damit auf eine Verbesserung des nachgeschalteten Energieumwandlungsprozesses. Neue Konzepte basieren dabei auf dem Prinzip der Natrium Heat-Pipe. Das flüssige Natrium befindet sich in den Kapillaren an der Rückseite der Absorberoberfläche, wo es die absorbierte Wärme aufnimmt und verdampft. An dem Stirling-Wärmeübertrager übergibt der Dampf die Wärme an das durch die Rohre strömende Arbeitsgas und kondensiert wieder.

Da das flüssige Natrium in den Kapillaren die komplette Absorberfläche bedeckt, ist dieser Receiver eher in der Lage, ungleichförmige Strahlungsbelastungen auszugleichen. Die maximale Temperatur des Arbeitsgases beträgt hier 800 °C. Ein erster Natrium-Heat-Pipe-Receiver wurde im Rahmen des SBP-9-kW-Systems über 1500 Stunden erfolgreich getestet (Abbildung 3.7).

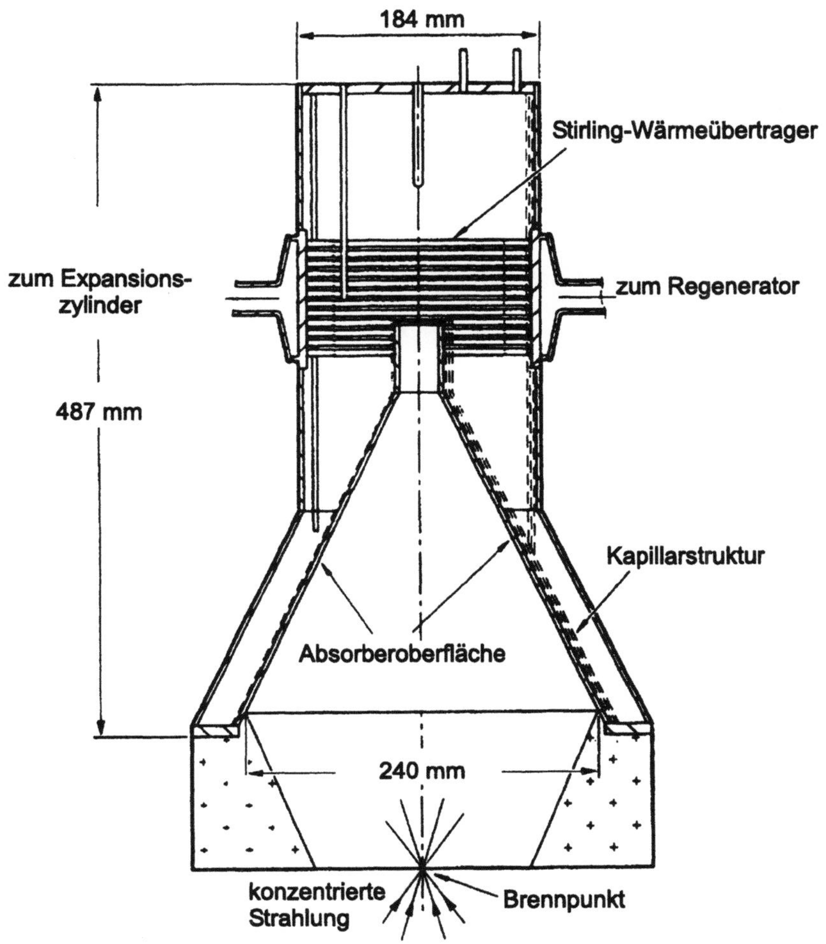

Abb. 3.7. Natrium Heat-Pipe-Receiver

3.1.3
Stirling-Motor

Der Stirling-Motor ist ein Motor mit äußerer Wärmezufuhr und damit für die solarthermische Stromerzeugung geeignet. Das Arbeitsgas durchläuft einen geschlosse-

nen Doppel-Isothermen-Isochoren-Prozeß, wobei mit einem Regenerator der thermische Wirkungsgrad η_{th} dem Carnot-Wirkungsgrad entspricht.

Der geschlossene Arbeitsprozeß (Abbildung 3.8 und 3.9) benötigt einen heißen und einen kalten Raum, in dem zu Beginn des Arbeitsspiels das Gas vom Zustand 1 unter Wärmeabfuhr (Q_{ab} = Fläche a, 2, 1, b) isotherm verdichtet wird (Zustand 2). Anschließend nimmt das Gas beim Überschieben durch den Kolben I (Kompressionskolben) in den heißen Raum unter Erwärmung auf T_3 im Regenerator die Wärme Q_R (= Fläche a, 2, 3, c) auf, wobei es sein Volumen nicht ändert (Zustand 3), und expandiert danach isotherm bis zum Zustand 4. Dabei muß im oberen Raum über einen Erhitzer Wärme (Q_{zu} = Fläche c, 3, 4, d) zugeführt werden. Schließlich wird beim Überschieben in den kalten Raum durch den Kolben II (Expansionskolben) die Wärme Q_R im Regenerator entzogen.

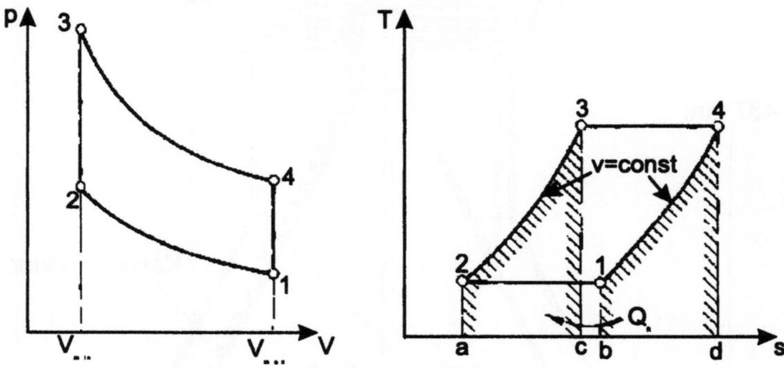

Abb. 3.8.   Idealisierter Kreisprozeß des Stirling-Motors.

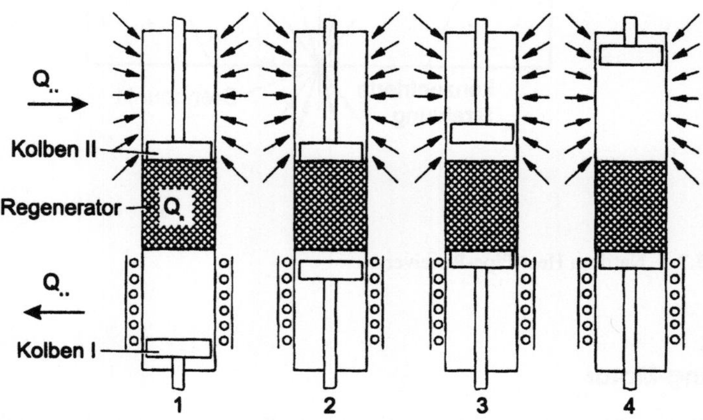

Abb. 3.9.   Schematischer Arbeitsablauf des Stirling-Motors

Es werden überwiegend kinematische Stirling-Motoren, welche die mechanische Arbeit über ein Kurbeltriebwerk auskoppeln, eingesetzt. Alternativ können Freikolbenmotoren verwendet werden, die kein Kurbeltriebwerk besitzen. Die Kolben sind hier freischwingend und über eine Gassäule oder eine mechanische Feder rückgefedert. Die nutzbare Arbeit wird über einen integrierten Stromgenerator ausgekoppelt.

Stirling-Motoren werden in einfachwirkende (Wirkungsgrad etwa 33 %) und doppelwirkende Typen (Wirkungsgrad maximal 49 %) unterschieden, wobei der Vorteil der doppelwirkenden darin besteht, daß jeder Kolben gleichzeitig als Verdränger für den benachbarten Zylinder fungiert (Abbildung 3.10).

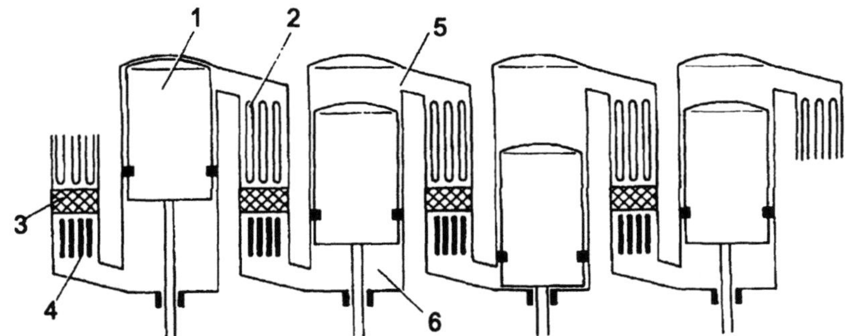

Abb. 3.10. Doppelwirkender Vierzylinder-Stirling-Motor

Als Arbeitsmedien werden Helium und Wasserstoff verwendet, die wegen ihrer geringen Dichte nur minimale Strömungsverluste verursachen. Der Wasserbedarf zur Kühlung ist gering, da ein geschlossener Kühlkreislauf verwendet wird. Den Vorteilen der Laufruhe und insbesondere der Nutzbarkeit von solarer Wärme stehen als Nachteile der kostenintensive Bauaufwand (8.000–10.000 DM/kW$_{mech}$), die schlechte Anpassung an Belastungsänderungen, Dichtigkeitsprobleme, die starke Temperaturbelastung des Erhitzers sowie das hohe Leistungsgewicht bzw. der große Platzbedarf (Leistungsgewicht 5–10 kg/kW$_{mech}$, Dieselmotoren 1–2 kg/kW$_{mech}$) gegenüber. Neue Materialien (Keramik, spezielle Legierungen) und verbesserte Verarbeitungs- und Verbindungstechniken können zur Beseitigung dieser Probleme beitragen. Darüber hinaus würde die Aufnahme einer Serienproduktion diese Entwicklungen beschleunigen und die spezifischen Kosten senken (auf ca. 4000 DM/kW$_{mech}$ bei Kleinserie und ungefähr 2000 DM/kW$_{mech}$ bei Großserie). Unter diesen Voraussetzungen wird ein wartungsfreier Betrieb des Stirling-Motors von 10.000 h erwartet.

Berücksichtigt man die Wirkungsgrade der einzelnen Komponenten, so ergeben sich die schon eingangs erwähnten Spitzenwirkungsgrade von 20–30 % für Dish/Stirling-Anlagen. Abbildung 3.11 beweist, daß die optimalen Konzentrationsfaktoren zwischen 1000 und 2000 liegen, d.h. wesentlich teurere Paraboloide mit größeren Konzentrationsfaktoren erhöhen den Gesamtwirkungsgrad nur noch geringfügig und sind damit nicht wirtschaftlich.

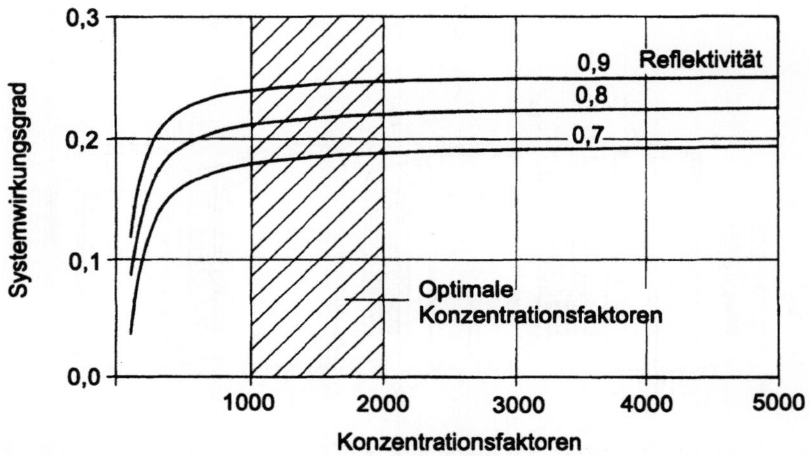

Abb. 3.11. Abhängigkeit des Wirkungsgrades vom Konzentrationsfaktor

3.2
Dish/Stirling-Anlagen

3.2.1
Bisherige Prototypanlagen

Im Folgenden werden die 5 wichtigsten Prototypen (Tabelle 3.1), die bis Mitte des Jahres 1995 insgesamt etwa 45.000 solare Produktionsstunden akkumuliert haben, vorgestellt:

Die 25-kW$_{el}$ **Advanco Vanguard 1** Anlage in Rancho, Kalifornien (Mojavewüste) war zwischen 1984 und 1985 18 Monate lang in Betrieb. Sie erreichte mit 32 % den höchsten jemals gemessenen Wirkungsgrad einer solarthermischen Stromerzeugungsanlage. Der Jahreswirkungsgrad betrug allerdings nur 10 % statt erwarteter 24 %. Für die Betriebsverfügbarkeit konnte lediglich ein Wert von 64 % erzielt werden. Wegen der kleinen Leistungseinheit wies die Anlage kurze Ansprechzeiten (eine Minute nach ausreichender Sonneneinstrahlung wurde Strom erzeugt) und eine geringe thermische Trägheit auf (Abbildung 3.12).

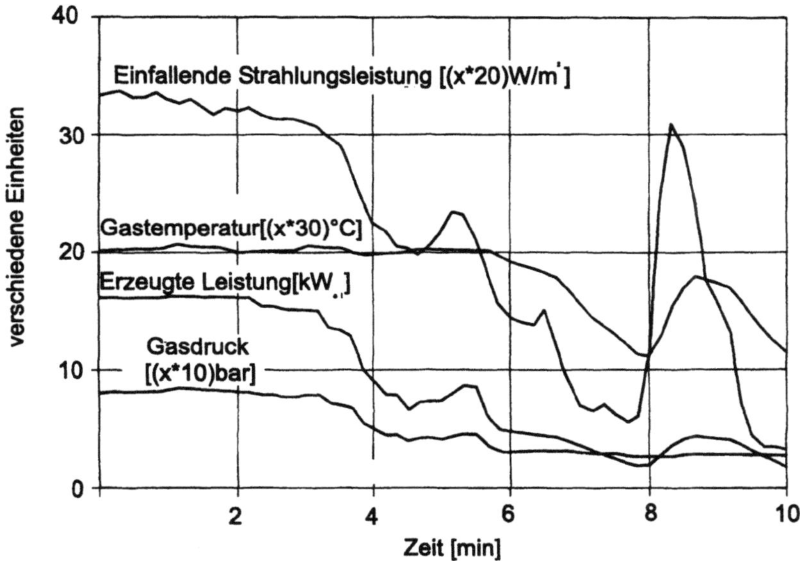

Abb. 3.12. Reaktion auf veränderte Einstrahlung

Die infolge der Verschmutzung der Reflektoren aufgetretenen Leistungsverringerungen sind in Abbildung 3.13 dargestellt.

Abbildung 3.14 zeigt das Verhältnis des täglichen Energie-Outputs (Strom) zum Input (Einstrahlung) für die Advanco-Vanguard-Anlage, die nachfolgend beschriebene MDAC-Anlage, zwei Turmkraftwerke (Solar One, Themis) und zwei Parabolrinnenkraftwerke (SEGS III, IEA-SSPS). Der Schnittpunkt der Regressionsgeraden mit der x-Achse gibt die zur Stromerzeugung notwendige Einstrahlung, der Schnittpunkt mit der y-Achse den Eigenbedarf der Anlage an. Je steiler die Gerade, desto besser ist der Wirkungsgrad.

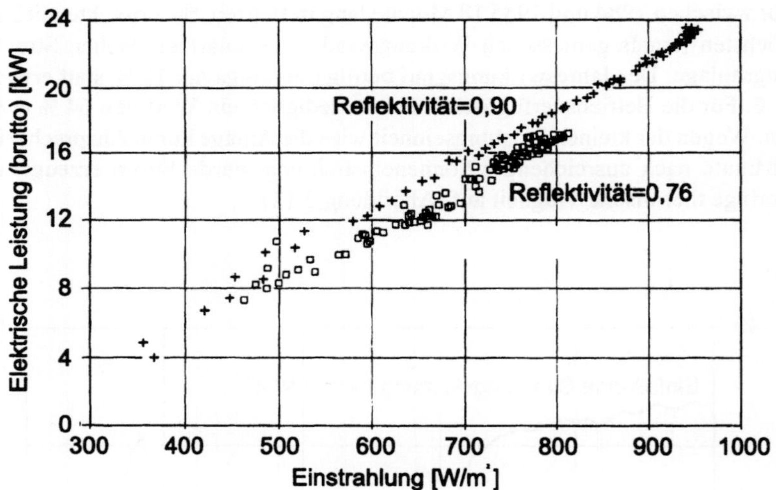

Abb. 3.13. Leistung als Funktion von Einstrahlung und Reflektivität

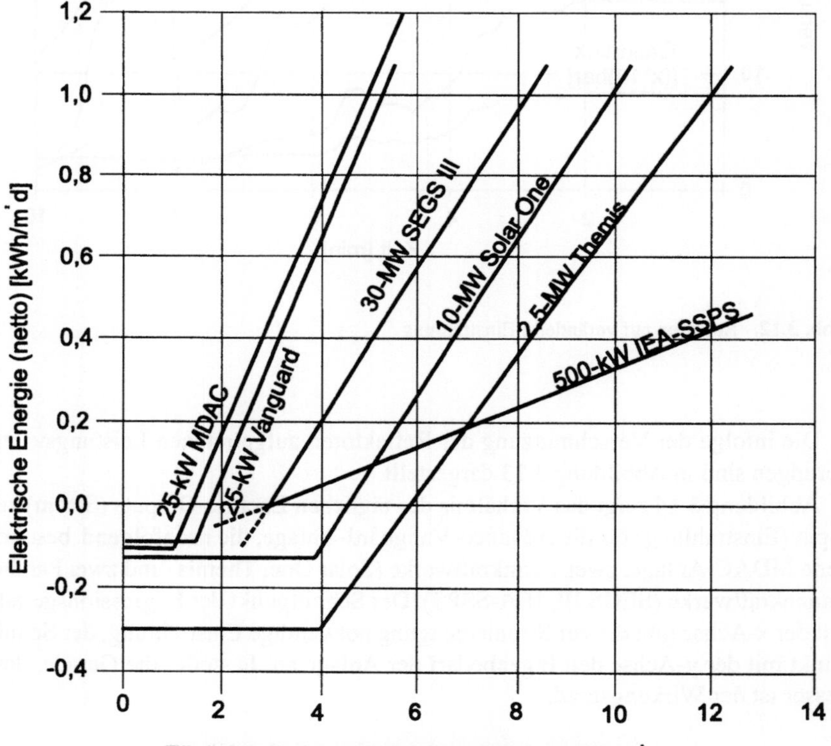

Abb. 3.14. Tägliche Input/Output-Kennlinie verschiedener Anlagentypen

Abbildungsfehler und Konvektion (Wind) führten zu einer unterschiedlichen Beheizung der Receiveroberfläche und damit zu einer unterschiedlichen thermischen Beanspruchung des Motorwerkstoffes. Die aufgetretenen Temperaturdifferenzen des Arbeitsgases Wasserstoff in den vier Quadranten (vgl. Abbildung 3.6) des Cavity-Receivers zeigt Abbildung 3.15.

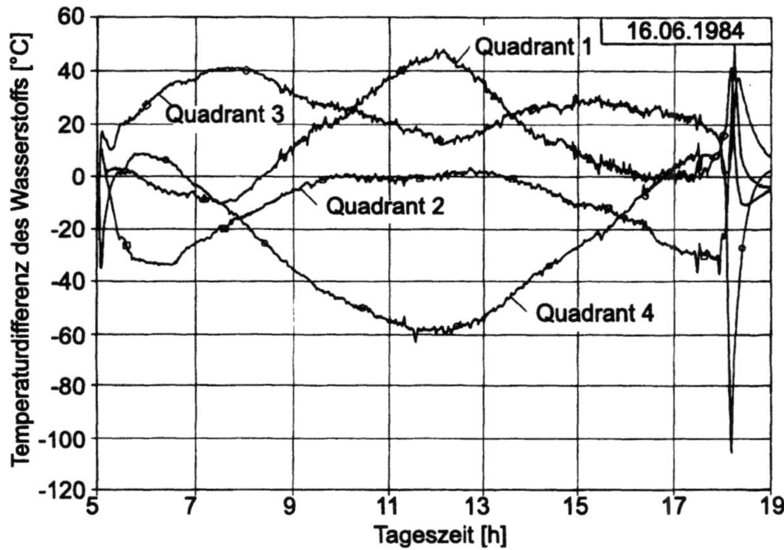

Abb. 3.15. Temperaturdifferenzen im Vanguard-Receiver

Die Anlagen des 25-kW$_{el}$ Typs **MDAC** (vgl. Abbildung 3.1)wurden zwischen 1984 und 1988 an verschiedenen Orten in den USA betrieben. Der Betreiber McDonnell Douglas entwickelte die Kraftwerke unter kommerziellen Bedingungen, brach das Projekt aber aufgrund des Rückgangs der fossilen Energiepreise ab. Die Anlage besaß eine Verfügbarkeit von 40–84 %, wobei die Zeiten der Nichtverfügbarkeit eher im Mangel an Fachpersonal und Ersatzteilen als in der Anlage selbst begründet waren.

Die beiden **SBP-50-kW**-Anlagen (Schlaich, Bergermann und Partner, Stuttgart) wurden in Riad, Saudi Arabien, zwischen 1984 und 1989 kontinuierlich und seitdem gelegentlich betrieben (Abbildung 3.16).

Die Anlage verzeichnete Verfügbarkeitsschwankungen, darüber hinaus aber ähnliche Betriebsdaten wie Vanguard 1. Durch die Reinigung der Glas/Metall-Membranreflektoren konnte die Reflektivität innerhalb einer Stunde von 70 auf 90 % gesteigert werden. Die durchschnittliche Windgeschwindigkeit von 3,9 m/s führte aufgrund von zusätzlicher Konvektion und Abbildungsfehlern zu jährlichen Energieverlusten von 15 % im Vergleich zur Windstille (Abbildung 3.17).

Abb. 3.16. Dish/Stirling-Anlagen SBP 50 kW in Saudi Arabien

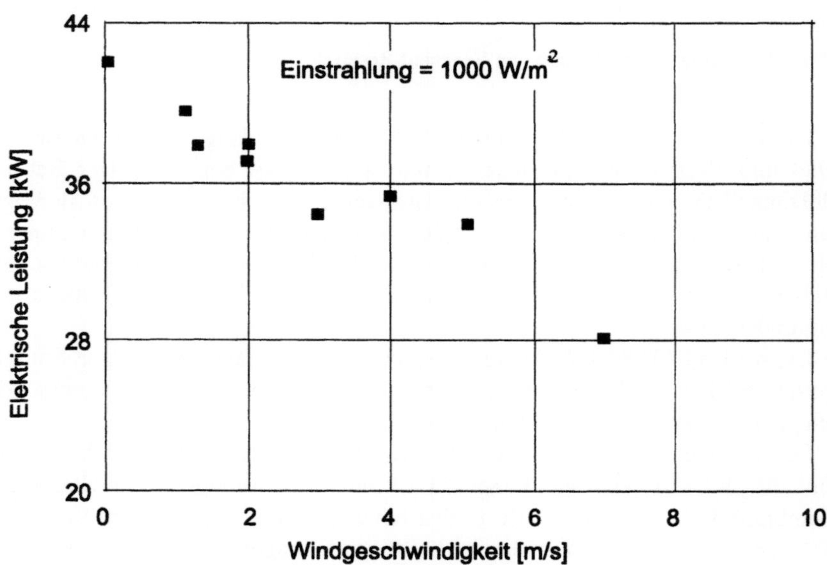

Abb. 3.17. Einfluß der Windgeschwindigkeit auf die Leistung (SBP 50 kW)

Die drei auf dem Testgelände der Forschungs- und Entwicklungsinstitution Plataforma Solar de Almeria, Spanien, errichteten **SBP-9-kW**-Anlagen (siehe Abbildung 3.2) sind seit 1991 im Dauerbetrieb (Sonnenauf- bis Sonnenuntergang), sie haben bis Mitte 1995 ca. 20.000 Betriebsstunden akkumuliert. Abbildung 3.18a und b zeigen die wichtigsten Betriebsdaten der SBP-9-kW-Anlage. Die zur Stromerzeugung mindestens notwendige Direktstrahlung ergibt sich etwa zu 1 kWh/m^{2}d (zum Vergleich: bei den anderen Anlagen 1–2 kWh/m^{2}d, zunehmend mit steigender Leistung) bzw. zu 240 W/m^2 im Mittel. Der maximale Tageswirkungsgrad beläuft sich auf knapp 17 % bei einer Einstrahlung von 10 kWh/m^{2}d, der maximale Gesamtwirkungsgrad auf etwa 19 % bei 1000 W/m^2. Die negative Nettoleistung zur Tageszeit 9:15 Uhr resultiert aus dem entstehenden Eigenbedarf beim Anfahren der Anlage.

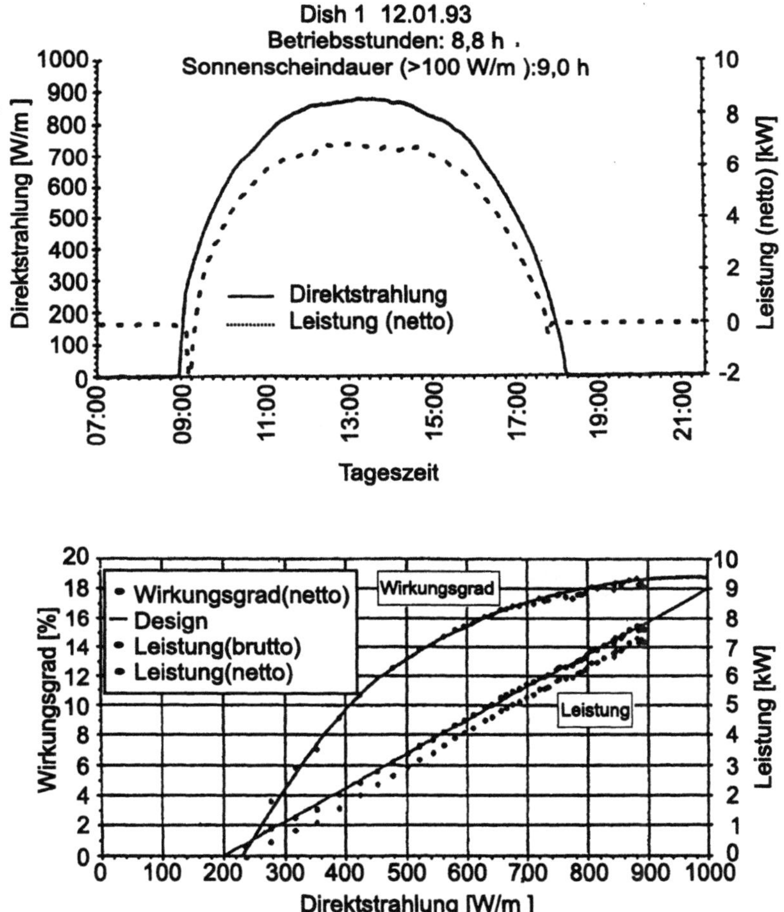

Abb. 3.18.a. Direkteinspeisung und Wirkungsgrad bei SBP-9-kW

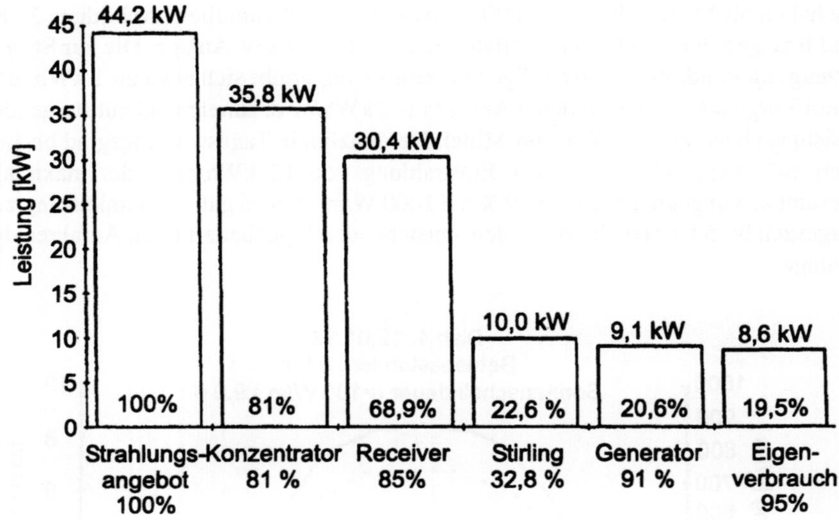

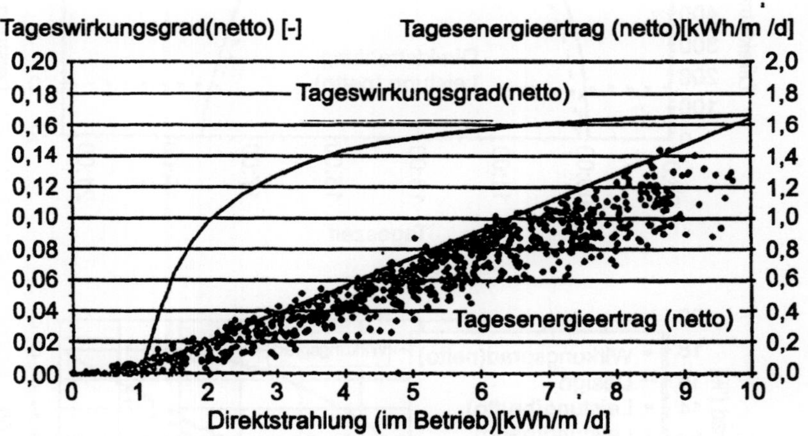

Abb. 3.18b: Energie- und Leistungsdaten des SBP-9-kW-Systems in Almeria

Die **8,5-kW-Aisin/Miyako**-Anlage in Japan weist trotz des geringsten Alters sowohl insgesamt als auch für die einzelnen Komponenten die schlechtesten Wirkungsgrade auf. Tabelle 3.1 gibt eine Übersicht über die verschiedenen Anlagen.

Tabelle 3.1. Systemkenndaten der 5 Dish/Stirling-Prototypen

Name	Vanguard	MDAC	Deutsch/Saudi	SBP 9 kW	Aisin/Miyako
Jahr	1984-86	1984-88	1984-89	1989 -	1992-
Netto Leistung	25 kW	25 kW	50 kW	9 kW	8,5 kW
Wirkungsgrad gemess.	29,4% @760°C Gastemp.	29%-30%	23,1%	20,3%	12% bei 900W/m²
Anzahl	1	6	2	6	3
Ort	CA (USA)	CA(4), GA, NV	Riyadh, Saudi Arabien (2)	Spanien (3), Deutschland(3)	Miyako Is; Japan
Betriebsstunden	5.000 h	12.000 h	7.000 h	20.000 h	k. A.
Verfügbarkeit (gemess.)	k.A.	40-84%	k.A.	60 -86%	k.A.
MTBF Zeiten (max.)	k.A.	2000 h	3000 h.	4500 h	k.A.
Status	beendet	beendet	gelegentlicher Betrieb	3 Einh. unter Dauertest in Spanien	Testbetrieb

Konzentrator

Hersteller	Advanco	MDAC	SBP	SBP	CPG
Durchmesser	10,47 m Ø	10,57 m Ø	17m Ø	7,5m Ø	7,5m Ø
Bauart	Facettiert Glas Spiegel	Facettiert Glas Spiegel	Stretched membrane	Stretched membrane	Stretched membrane
Zahl der Facetten	336	82	1	1	24
Abmessungen der Facetten	0,451x0,603m	0,91x1,22 m	17m Durchm.	7,5m Durchm.	1,524m Durchm.
Oberfläche	Glas/Silber	Glas/Silber	Glas/Silber	Glas Silber	Aluminized plastic film
Reflektivität (neu)	93,5%	91%	92%	94%	85% bis 78%
Konzentrationsfaktor	2750	2800	600	4000	1540
Nachführung	Exocentric gimbal	Azimut/ Elevation	Azimut/ Elevation	Polar	Polar
Betriebsstunden	k.A.	175.000	18.000 h	54.000 h	k.A.
Wirkungsgrad	89%	88,1%	78,7%	82%	78%

Maschine

Hersteller	USAB	USAB	USAB	SOLO	Aisin Seiki
Model	4-95 Mk I	4-95 Mk II	4-275	V-160	NS30A
Typ	kinematisch	kinematisch	kinematisch	kinematisch	kinematisch
Leistung (elektr.)	25 kW	25 kW	50 kW	9 kW	30kW
Arbeitsgas	Wasserstoff	Wasserstoff	Wasserstoff	Helium	Helium
Druck (max.)	20 MPa	20 MPa	15 MPa	15 MPa	14,5 Mpa
Gas Temperatur (max.)	720°C	720°C	620°C	650°C	683°C
Akkumul. Betriebsst.	40.000	80.000 h	10.000 h	450.000 h	k. A.
η Generator (max.)	94 %	94 %	92 %	94 %	k. A.
η Stirling (incl. Gen.)	38,5 %	38,5 %	48,6 %	31 %	25 %

Receiver

Typ	Rohr	Rohr	Rohr	Rohr	Rohr
Apertur Ø	20 cm Ø	20 cm Ø	70 cmØ	12 cmØ	18,5 cm Ø
Max.Strahlng. Belastng.	75 W/cm²	78 W/cm²	50 W/cm²	80 W/cm²	30 W/cm²
Rohrtemperatur	810 °C	810 °C	800 °C	850 °C	780 °C
Wirkungsgrad	90%	90%	80%	86%	65%

Die Verfügbarkeiten der 5 Prototypanlagen reichen von 40 bis über 80 %. Die Zeiten des Stillstands der Anlagen sind durch folgende Fehlerquellen begründet:

Wie schon erläutert, bestehen beim Stirling-Motor Probleme mit Undichtigkeiten, die in den Gußteilen der Zylinder, hervorgerufen durch Lunker bei der Herstellung, zu finden sind. Darüber hinaus traten Ausfälle bei der elektronischen Regelung des Motors und Verschleißerscheinungen an Kolbenstangendichtungen auf, bei denen sehr unterschiedliche Standzeiten verzeichnet wurden (1500 bis über 7000 h). Fehler im Bereich der Nachführung und Regelung führten am häufigsten zum Stillstand der gesamten Anlage. Die Gründe dafür lagen im wesentlichen in der mangelnden Störsicherheit, Kontaktschwierigkeiten und Ausfällen konventioneller Bauteile wie Relais. Beim Receiver, der höchstbelasteten Komponente, verursachten nicht ausgereifte Algorithmen in der Systemregelung bei Wolkendurchgängen, Anfahrvorgängen und bei hohen Einstrahlungswerten Ausfälle. Receiver-Isolierungen wiesen keine ausreichenden Dauerstandfestigkeiten auf und machten Nachbesserungen erforderlich.

Die spezifischen Investitionskosten dieser ersten Prototypen bewegen sich, soweit sie bekannt sind, im Bereich von 30.000–36.000 DM/kW$_{el}$. Der Kostenanteil von Konzentrator, Nachführung und Fundamenten betrug 60 %, der des Stirling-Motors 40 %. Die spezifischen Motorkosten ergeben sich damit zu etwa 12.000–14.000 DM/kW$_{el}$ (bedingt durch Einzelfertigung - ein vergleichbarer Autoserienmotor kostet ca. 100 DM/kW$_{mech}$) und die Stahlbaukosten (ohne Nachführung) zu 25 DM/kg.

3.2.2
Aktuelle und zukünftige Entwicklungen

3.2.2.1
Projektentwicklungen

Die aktuellen Dish/Stirling Entwicklungsbemühungen konzentrieren sich überwiegend auf die Länder USA und Deutschland. Zwar wird auch aus Rußland und Japan (hier ist eine 30-kW-Anlage mit vierzylindrigem kinematischen Stirling-Motor geplant) über Entwicklungsarbeiten berichtet, es liegen aber keine ausreichenden Informationen für eine detaillierte Beschreibung vor.

3.2.2.2
Dish/Stirling Joint-Venture-Programm 7 kW (DSJVP), USA

Im Jahr 1991 veranlaßte das Department of Energy (DOE) ein fünfjähriges Entwicklungsprogramm (Gesamtvolumen 17,2 Millionen US-$), das zu je 50 % vom DOE und dem weltgrößten Dieselmotorhersteller Cummins Power Generation (CPG) finanziert wurde. Das Ziel des DSJVP Entwicklungsvorhabens bestand in der Entwicklung und Kommerzialisierung einer 5–8 kW-Dish/Stirling-Einheit für die dezentrale Energieerzeugung in abgelegenen Gebieten bis zum Jahr 1997. Insgesamt ist in diesem Vorhaben der Bau von 8 Einheiten vorgesehen, die an verschiedenen Orten in den USA aufgestellt und über ein Jahr getestet werden sollen.

In Abbildung 3.19 ist die komplette Anlage dargestellt und in Tabelle 3.2 sind Kenndaten des CPG 5–8 kW-Systems angegeben.

Abb. 3.19. Dish/Stirling-Anlage CPG 7 kW

3.2.2.3
Utility Scale Joint-Venture-Programm 25 kW (USVP), USA

Im Jahr 1994 initiierte das DOE ein weiteres Dish/Stirling-Förderprogramm (50 % Förderquote) mit dem Ziel der Entwicklung und Markteinführung eines hybriden, netzgekoppelten 25-kW-Systems. Zwei konkurrierende Unternehmensgruppen wurden beauftragt:

- Science Applications International Corp. (SAIC, Projektleitung), Stirling Thermal Motors (STM, Stirling-Motoren-Entwickler), Detroit Diesel Corp. (DDC, Serienfertigung) und
- Cummins Power Generation (CPG, Systemführer), Thermocore (Receiver-Entwicklung), Clever Fellows Innovative Consortium (Stirling-Motoren-Entwickler), WG Associates (Konzentrator-Entwickler), Solar Kinetics, Inc. (Facettendesign).

Tabelle 3.2. Technische Daten des CPG-7 kW-Systems

Leistung	7 kW$_e$ netto bei 960 W/m² Einstrahlung, 240 V und 60 Hz nominal, einphasig
Haltbarkeit	
• am Ende des DSJVP Vorhabens	2000 Stunden
• kommerzielles Produkt	40.000 Stunden
Zuverlässigkeit	
• am Ende des DSJVP Vorhabens	200 Stunden MTBF
• Kommerzielles Produkt	4.000 Stunden MTBF
Potentielle Anwendungen	Stromversorgung kleiner Dörfer Wasser Pumpen in abgelegenen Gegenden völlig automatischer Betrieb
Option	Hybridbetrieb

Konzentrator

Typ	segmentierter Stahl/Membran Aufbau
Durchmesser	9,6 m
Gesamte Spiegelfläche	43,8 m²
Fokallänge	5,38 m
Konzentrationsverhältnis (mittel)	1670
Konzentrationsverhältnis (max.)	5.500
Anzahl der Facetten	24
Facetten Design	rückseitig verspiegelte Polymerfolie
Facetten Durchmesser	1,52 m
f/D Verhältnis (Facette)	3,64
Reflektierende Schicht	Aluminium
Reflektivität	85 % neu; 78 % bewittert
Aufhängung/Nachführung	polar
Thermische Leistung	34 kW$_{th}$
Konzentratorwirkungsgrad (neu)	78 %

Receiver

Typ	Heat-Pipe
Aperturdurchmesser	178 mm
Absorberdurchmesser	416 mm
Maximale Bestrahlungsstärke	30 W/m²
Wärmeträgermedium	Natrium
Betriebstemperatur	675 °C
Flüssigkeitsinventar	1,5 kg
Thermische Leistung	42 kW$_{th}$
Thermische Receiver Wirkungsgrad	86%
Anzahl	5 +15 im Bau
Betriebserfahrung	10 000+ Stunden im Labor
Hersteller	Thermocore, Inc., Lancaster, Pensylvania, USA

Stirling

Leistung	9 kW @ 60 Hz (Prototyp 6 kW)
Anzahl der Zylinder	1
Stirling Konfiguration	Freikolben Stirling
Hub	14,1 mm
Dichtung	statische Gasdichtung
Erhitzer	Heat-Pipe
Regenerator	Folien Typ
Kühler	berippt
Kühlung	Wasser
Generator	Linear Generator
Arbeitsgas	Helium
Arbeitsdruck	4 MPa
Erhitzer Temperatur	675 °C
Gastemperatur	629 °C
Elektrische Leistung	7,1 kW @ 679 °C
Wirkungsgrad	33 % (design) 28% demonstriert
Gebaute Einheiten	4-6 Prototypen
Betriebsstunden	
Hersteller	Cummins Power Generation Inc., Columbia. Indiana, USA

Das Vorhaben ist in 3 Phasen gestaffelt:

* System-Design
* Bau von ca. 10 Einheiten und deren Test an verschiedenen Orten in den USA zusammen mit verschiedenen Stromversorgungsunternehmen
* Bau und Betrieb jeweils einer 1-MW-Anlage zusammen mit einem Stromversorgungsunternehmen

Das Gesamtvolumen dieses Projekts, dessen Ziel die Markteinführung der Dish/Stirling-Technologie bis zum Jahr 2000 ist, beläuft sich auf 64 Millionen US-$ (je Konsortium 32 Mio. US-$).

SAIC/STM/DDC 25 kW-Entwicklungsvorhaben

In dem von SAIC geleiteten Projekt wurde ein 89,4 m^2 Konzentrator mit 12 einzelnen Metall-Membran-Facetten entwickelt, die auf eine tragende Stahlstruktur montiert werden (Abbildung 3.20). Ein Prototyp des Konzentrators wurde bei SANDIA National Laboratories in Albuquerque, New Mexiko (NM), errichtet und wird dort zur Zeit getestet. Er soll im ausentwickelten Zustand einen Wirkungsgrad von etwa 88 % erreichen. Für den doppelwirkenden, vierzylindrigen Stirling-Motor wird ein Wirkungsgrad von 40–45 % angestrebt; erste solare Testergebnisse ergaben bei 19 kW einen Wirkungsgrad von 35–38 %. Der Absorber wird als direktbestrahlter Rohrreceiver ausgeführt. Zusätzlich werden die Entwicklung einer Heat-Pipe und Entwürfe für einen Hybrid-Receiver vorangetrieben.

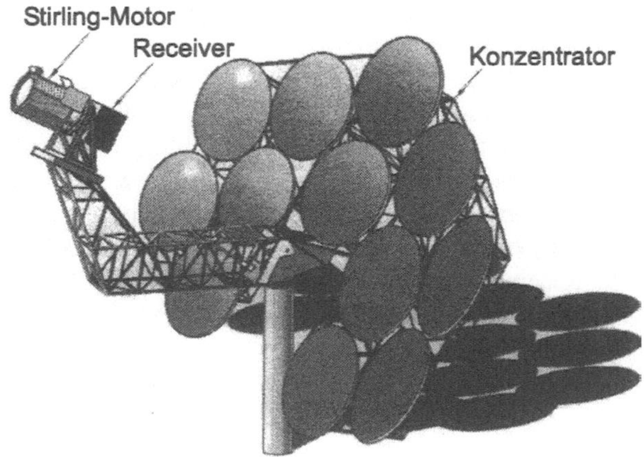

Abb. 3.20. Dish/Stirling-Anlage des Projektentwicklers SAIC

Cummins Power Generation 25 kW-Entwicklungsvorhaben

CPG beabsichtigt die Entwicklung eines ca. 90-m^2-Reflektors, der aus 50 einzelnen parabolisch gekrümmten Glas/Metall-Facetten zusammengesetzt ist. Für den zweizylindrigen Freikolben-Stirling-Motor wird ein Wirkungsgrad von 30–33 % erwartet. Zum Ausgleich von Einstrahlungsdefiziten soll eine Gasturbine mit ca. 30 kW Leistung eingesetzt werden. Der Receiver wird als Heat-Pipe-Receiver mit einer thermischen Leistung von 90–100 kW$_{th}$ ausgeführt. Die Hybridisierung wird derzeit mit dem Ziel entwickelt, erste Prototypen für die Phase 2 des Projekts zu erhalten.

Da die Firma Cummins Power Generation (CPG) im Jahr 1996 Konkurs anmelden mußte, ruhen die von ihr geleiteten Projekte. Als Nachfolger ist derzeit ein türkisches Unternehmen im Gespräch.

3.2.2.4
SBP 9-kW-Entwicklungsvorhaben, Deutschland

In Deutschland bemühen sich SBP/L&C Steinmüller und SOLO-Kleinmotoren GmbH, den SBP-9-kW-Typ der Serienreife näherzubringen, indem sie mit einer 50 %igen Unterstützung der Stiftung Energieforschung Baden-Württemberg den Bau und Test von 3 Prototypen (Gesamtvolumen 2 Mio. DM) vorbereiten. Um eine Kommerzialisierung zu erreichen, ist im Anschluß die Errichtung von 100 Einheiten zu je fast 1 MW geplant.

Der Konzentrator wird als Metall-Membran-Spiegel ausgeführt, wobei die Verschweißung der Vorder- und Rückseitenmembran auf den Druckring durch ein spezielles Laserverfahren erfolgt. Da der Druckring vor Ort in seine endgültige Form gebogen werden kann, ist der gesamte Reflektor kostengünstig am Standort zu montieren. Zur Erhöhung der Leistung und Steigerung des Wirkungsgrades wurde die Spiegelfläche von 44,1 m^2 (Ø 7,5 m) auf 56,7 m^2 (Ø 8,5 m) vergrößert. Dadurch kann die Jahresenergieausbeute um 30 % gesteigert werden, was bei nur unwesentlichen Mehrkosten des Konzentrators zur deutlichen Verbesserung der Wirtschaftlichkeit beiträgt. Der Stirling-Motor wurde technisch und wirtschaftlich optimiert und erreicht nun einen Wirkungsgrad von 33 % (Steigerung um 2 Prozentpunkte) bei einer 50 %igen Kostenreduktion bei Einzelfertigung. Der erprobte Rohrreceiver wurde an den verbesserten Motor angepaßt, wobei eine durch Regelung erreichbare Leistungsreduzierung für Einstrahlungen größer 800 W/m^2 eingeführt wurde. Erste Prototypen des von der DLR entwickelten und derzeit hybridisierten Heat-Pipe-Receivers sollen im Zuge eines genehmigten EG-Thermie-Projekts Dauertests in Almeria unterzogen werden. Tabelle 3.3 zeigt Kenndaten für das SBP/L&C Steinmüller 9-kW-System.

Tabelle 3.3. Technische Daten des SBP/L&C Steinmüller 9-kW-Systems

Leistung	9 kW$_e$ netto bei 800 W/m² Einstrahlung,
Haltbarkeit	
• am Ende des Serien Vorläufers	30.000 Stunden
• kommerzielles Produkt	80.000 Stunden
Zuverlässigkeit	
• am Ende des Serien Vorläufers	MTBF 5000 h
• kommerzielles Produkt	MTBF 10.000 h
Potentielle Anwendungen	Stromversorgung kleiner Dörfer Wasser Pumpen in abgelegenen Gegenden völlig automatischer Betrieb
Option	Hybridbetrieb über Heat-Pipe Receiver

Konzentrator

Auslegung	
Durchmesser	8,5 m
Spiegelfläche	56,7 m²
f/D Verhältnis	0,55
Konzentrationsfaktor (mittel)	2000
Aufhängung	Azimut/Elevation; Drehstand
Antrieb	Servo Motor über PC angesteuert
Leistung	
Reflektivität (neu)	94 % (400 x 400 Dünnglasspiegel 0,8 mm dick)
Intercept	90 %
Strahlungsleistung (90% Intercept)	
optischer Wirkungsgrad	

Stirling

Auslegung	
Leistung	9 kW @ 50 Hz
Anzahl der Zylinder	2
Stirling Konfiguration	kinematischer Stirling
Hub	14,1 mm
Dichtung	statische Gasdichtung
Erhitzer	Rohrreceiver, Option Heat-Pipe
Regenerator	Folien Typ
Kühler	berippt
Kühlung	Wasser/Glycol
Generator	Asynchron Generator
Arbeitsgas	Helium
Arbeitsdruck	15 MPa
Erhitzer Temperatur	700 °C
Gastemperatur	620 °C
Leistung	
Elektrische Leistung	V-160 F 9,5 kW V-161 G 11 kW @ 659 °C
Wirkungsgrad	V-161 G: 33 % Prüfstandsmessung
Gebaute Einheiten	V-160 A-E: 150 V-160 F: 50; davon 8 solar V-161 G: 4-8 Prototypen
Betriebsstunden	V-160 A-E: 350.000 V-160 F: 20.000 solar; 80.000 Prüfst. u. BHKW V-161 G: 1.000 Prüfstand
Hersteller	SOLO GmbH, Sindelfingen; Deutschland

Receiver

Auslegung	
Typ	Rohrreceiver
Aperturdurchmesser	160 mm
Absorberdurchmesser	260 mm
Maximale Bestrahlungsstärke	70 W/m²
Wärmeträgermedium	
Wärmeträgermedium	Helium
Betriebstemperatur	700 °C
Leistung	
Thermische Leistung	40 kW$_{th}$
Thermische Receiver Wirkungsgrad	86%
Anzahl	9
Betriebserfahrung	20 000+ Stunden im Labor
Hersteller	Thermocore, Inc., Lancaster, Pensylvania

3.2.3
Wirtschaftlichkeit und Kosten

Die potentiellen Einsatzgebiete für Dish/Stirling-Anlagen liegen in der solaren bzw. hybriden Stromerzeugung im

- Verbundnetz (zentral), in dem viele einzelne Module zu einer Farmanlage von 1–10 MW zusammengefaßt werden,
- Inselnetz (dezentral), mit Farmanlagen von 100 kW–1 MW,
- Einzelanlagen ("Stand-Alone" System), ohne Netzanbindung im Leistungsbereich von 10–200 kW.

Da die gegenwärtige Stromversorgung in den Entwicklungsländern von annähernd 2800 TWh/a (23 % der Weltstromerzeugung) nur etwa die Hälfte der dort lebenden 4 Mrd. Menschen erreicht, ergibt sich ein beträchtlicher Zubaubedarf. In vielen schwachbesiedelten Regionen der Entwicklungsländer ist es aber aus technischen und wirtschaftlichen Aspekten auch zukünftig wenig ratsam, eine flächendeckende Stromversorgung zu errichten. Daher besitzt hier eine lokale Stromversorgung auf Grundlage kleiner, der Nachfrage angepaßter Inselnetze große Vorteile. Aus der Mittelmeerstudie der DLR geht hervor, daß mit ausgereiften Dish/Stirling-Anlagen im Mittelmeerraum ein mittelfristiges Potential von 550 MW (55.000 Anlagen à 10 kW) bis zum Jahr 2005 wirtschaftlich erschlossen werden kann. Dabei wurde nur die Integration in Inselnetze berücksichtigt.

Das für eine Markteinführung notwendige Kostenreduktionspotential für Dish/Stirling-Systeme zeigt Abbildung 3.21 auf Basis der SBP 9-kW-Anlage. Die Gesamtkosten, die die Herstellkosten aller Komponenten in Deutschland, den Transport nach Almeria, die Fundamente, Montage und Inbetriebnahme vor Ort umfassen, betrugen für die ersten Prototypen 36.000 DM/kW$_{el}$. Kostenschätzungen auf Basis dieser ersten Anlagen gehen davon aus, daß bei Serienfertigung die spezifischen Investitionskosten auf 3.000–4.000 DM/kW$_{el}$ reduziert werden können.

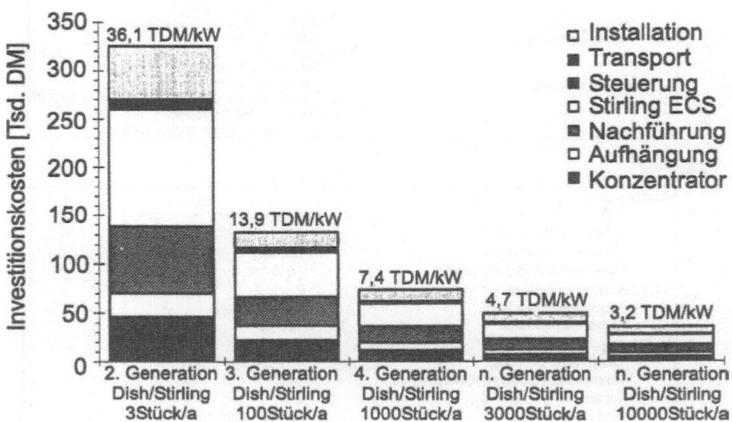

Abb. 3.21. Kostenreduktion bei Serienfertigung der SBP 9-kW-Anlage

Schätzungen für mittelfristig erreichbare Stromgestehungskosten der Firma CPG zeigt Abbildung 3.22. Es ergibt sich für kleinere Dish/Stirling-Anlagen im dezentralen Einsatz eine Konkurrenzfähigkeit mit den dort bisher genutzten Dieselaggregaten, die in den ärmsten Entwicklungsländern einen Anteil von über 10 % an der Gesamtstromversorgung aufweisen.

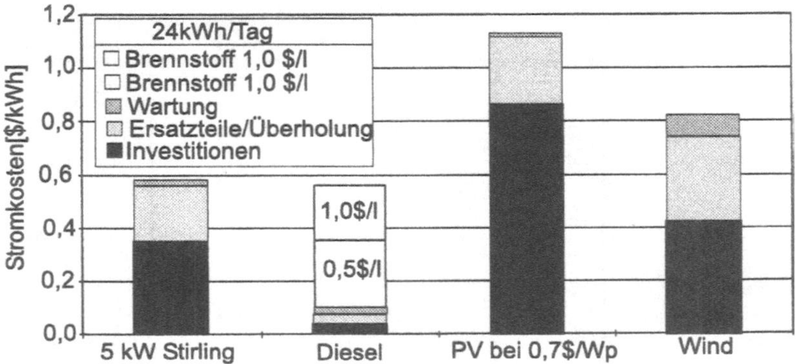

Abb. 3.22. Mittelfristig erreichbare Stromgestehungskosten des CPG-Systems, 1995

3.3
Paraboloid-Anlagen mit zentraler Stromgestehung

3.3.1
Bisherige Prototypanlagen

3.3.1.1
100-kW$_{el}$/400-kW$_{th}$-Anlage in Sulaibyah, Kuwait

Die Anlage in Sulaibyah war zwischen 1981 und 1987 zur Versorgung einer landwirtschaftlichen Forschungsstation mit elektrischer und thermischer Energie in Betrieb. Das 15-Mio.-US-$-teure Projekt wurde von den Forschungsministerien Kuwaits und Deutschlands unterstützt. Das Wärmeträgerfluid Synthetik-Öl wurde durch 56 Paraboloide von 235 auf 345 °C erwärmt und zum zentralen organischen Rankine-Kreislauf (Toluene, 320 °C/15 bar, 242 °C/0,4 bar) transportiert. Neben einem thermischen Speicher war auch eine fossile Zusatzheizung des Öls in die Anlage integriert. Insgesamt wurde nur die Hälfte der erwarteten Energie erzeugt sowie eine hohe thermische Trägheit und mit 400 W/m^2 eine hohe notwendige Einstrahlung zur Inbetriebhaltung festgestellt. Der Spitzenwirkungsgrad betrug 8,6 %. Tabelle 3.4 zeigt Daten dieser und der nachfolgend erläuterten Anlagen.

Tabelle 3.4. Daten von Paraboloidkraftwerken mit zentraler Stromgestehung

		Sulaibyah	STEP	Solarplant 1
Standort		Kuwait	Shenandoah, GA	Warner Springs, CA
Nettokapazität	kW$_{el}$	100	400	4880
	kW$_{th}$	400	2000	-
Investitionskosten	Mio. US-$	14,8	12	18,6
Betrieb	Jahr	1981-1987	1982-1990	seit 1984
Kollektor				
- Typ		MBB	SKI	LEC-460
- Anzahl		56	114	700
- Aperturfläche	m^2	18	21	43
- gesamte Aperturfläche	m^2	1025	2328	30261
- Oberfläche		versilb. Glas/Metall	FEK-244 auf Al	Polymer-Membran
Receiver-Typ		Außen	Cavity	Cavity
Wärmeträgerfluid		Synthetik-Öl	Syltherm-800	Wasser/Dampf
-Betriebstemperaturen	°C	235/345	260/363	177/389
Speicher		thermisch	thermisch	-
- Speichermedium		Synthetik-Öl	Syltherm-800	-
- Kapazität	kW$_{th}$	700	1600	-
Umwandlungskreislauf		organ. Rankine	Wasser/Dampf	Wasser/Dampf
- Temperatur/Druck	°C/bar	320/15	382/49	389/47
	°C/bar	242/0,4	Prozeßd. 177/9,6	177/3,5
Auslegungswirkungsgrad	%	10,2	14,5	14,8
bei Einstrahlung	W(DNI)[1]/m^2	970	630	1000
Spitzenwirkungsgrad	%	8,6	1,2	-

1) DNI: Direct Normal Insolation

3.3.1.2
400-kW$_{el}$/2000-kW$_{th}$ STEP (Solar Total Energy Project), Shenandoah, Georgia (USA)

Die STEP-Anlage wurde 1982 mit Unterstützung des DOE für 12 Mio. US-$ errichtet und war bis 1990 in Betrieb (Abbildung 3.23). Sie diente zur Versorgung eines industriellen Nutzers mit Elektrizität, Prozeßdampf und Air-conditioning. Die Anlage bestand aus 114 Kollektoren, nutzte synthetisches Öl als Wärmeträgerfluid (max. Temperatur 363 °C) und einen Wasser/Dampf-Kreislauf (382 °C/49 bar) zur Energieumwandlung.

Abb. 3.23. Paraboloidkraftwerk mit zentraler Stromgestehung STEP,Georgia

Bei hohen Drücken abgezapfter Dampf stellte den Prozeßdampf dar, der
Abdampf trieb eine Absorptionskältemaschine an, die kaltes Wasser zur Klimatisie-
rung produzierte. Auch diese Anlage war mit einem Speicher und einer fossilen
Zusatzheizung des Öls und darüber hinaus mit einem Gasboiler ausgestattet, der
zum Anfahren und zur Überhitzung des Dampfes verwendet wurde. Neben dem
Hybridbetrieb war auch ein alleiniger Solarbetrieb möglich, der aber wegen der
hohen Anzahl an Teillaststunden energetisch ungünstig war. Zum Überschreiten der
Stromerzeugungsschwelle war eine direkte Einstrahlung von 2,5 kWh/m^{2}d nötig.
Die Ablösung der reflektierenden Polymerschichten stellte sich als Problem heraus,
und es zeigte sich, daß die Zusatzfeuerung im Dampfkreislauf effizienter als im
Primärkreislauf ist. Darüber hinaus wurde erkannt, daß das Teillastverhalten der
Zusatzfeuerung einen wichtigen Auslegungspunkt darstellt und daß wetterabhän-
gige Komponenten stärker auf die lokalen Bedingungen ausgelegt sein müssen.
Insgesamt blieb der Betrieb von STEP mit einem Spitzenwirkungsgrad von 1,2 %
weit hinter den Erwartungen zurück. Abbildung 3.24 gibt das Anlagenschema
STEP, Shenandoah, Georgia, wieder.

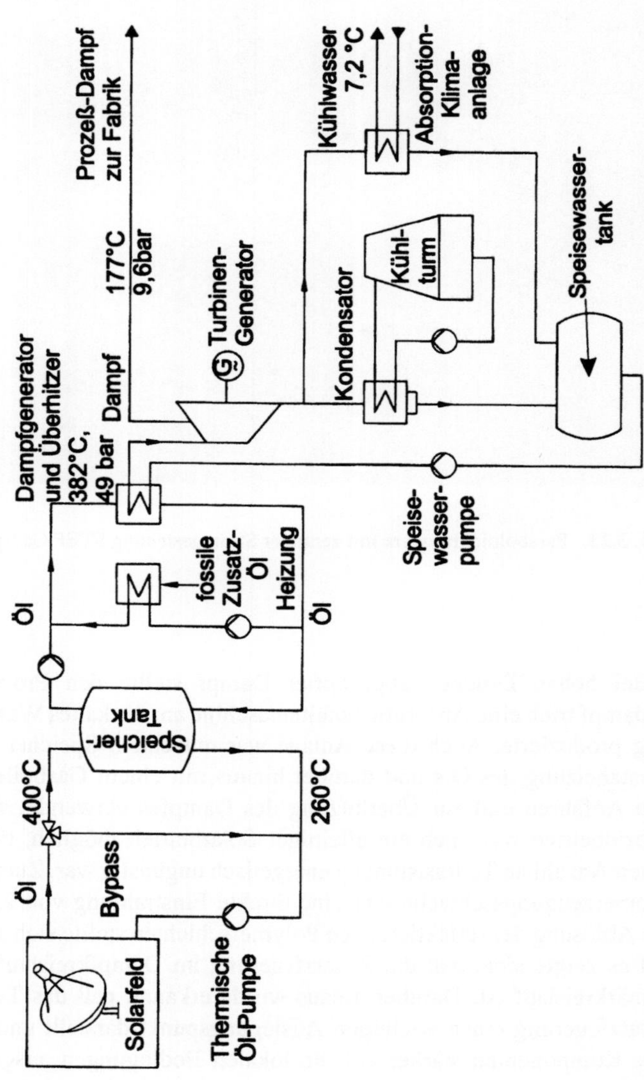

Abb. 3.24. Anlagenschema STEP, Shenandoah, Georgia

3.3.1.3
4,88-MW$_{el}$ Solarplant 1, Warner Springs, Kalifornien (USA)

Solarplant 1 wurde 1984 von der Firma LaJet als erste solarthermische Anlage –
noch vor SEGS I – privat finanziert und gebaut (Investitionskosten 18,6 Mio. US-$,
spez. Investitionskosten 3900 US-$/kW$_{el}$) sowie mit Unterstützung des Gesetzes
PURPA (Public Utilities Regulatory Act) betrieben. Sie besteht aus 700 Konzentratoren (LaJet LEC-460 mit C = 235), die sich jeweils aus 24, in Polymer-Membran-
bauweise hergestellten Facetten (Ø 1,52 m) zusammensetzen (Abbildung 3.3). 600
Konzentratoren gewährleisten die Verdampfung des primären Wärmeträgermediums Wasser, die restlichen 100 die Überhitzung (Abbildung 3.25). Der Wasser/
Dampf-Kreislauf ist mit 2 Turbinen ausgestattet, 1,24 und 3,68 MW$_{el}$, wobei die
kleinere zum An- und Abfahren und in Spitzenzeiten eingesetzt wird. Dem Erreichen der geplanten Jahresproduktion von 12 GWh/a stehen Probleme mit sich
verschlechternden Reflektoroberflächen und langen Anfahrzeiten gegenüber. Letztere resultieren aus dem Nitrat-Salz-Bad, das um den Receiver angeordnet ist. Tagsüber kann es durch seine gespeicherte Wärme den Betrieb bei durchziehenden
Wolkenfeldern eine halbe Stunde aufrecht erhalten, abends wird es bei fehlender
Einstrahlung aber fest und muß am nächsten Tag erst wieder verflüssigt werden. Die
so entstehenden Anfahrzeiten haben bei täglichem Betrieb eine Länge von 30–60
Minuten, bei längerem Stillstand von einem halben Tag.

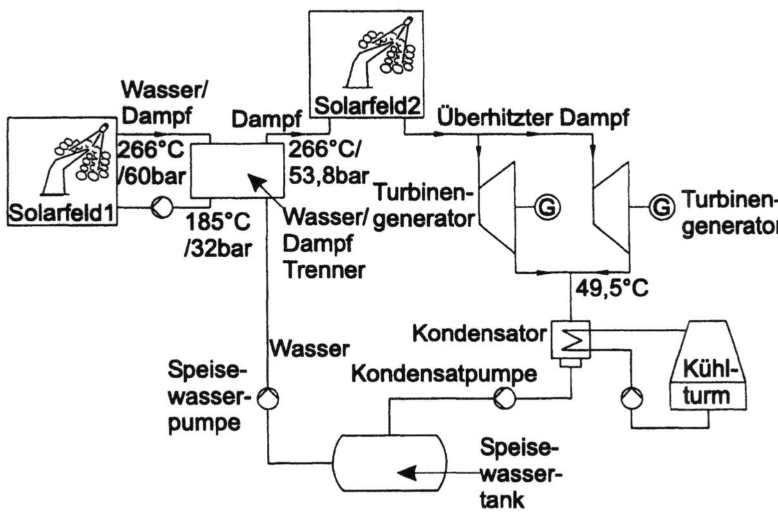

Abb. 3.25. Anlagenschema Solarplant 1, Warner Springs, Kalifornien

Der theoretische, physikalisch gegebene Vorteil dieses Anlagentyps (hohes Konzentrationsverhältnis, hohe Temperaturen) gegenüber Parabolrinnen kann – insbesondere bei Verwendung von Thermoöl als primärem Wärmeträger – nicht ausgenutzt werden. Dementsprechend ergibt sich eine untergeordnete Bedeutung für diese Art der solarthermischen Stromerzeugung. Es wird nur von einer projektierten Anlage berichtet, Wirtschaftlichkeitsbetrachtungen liegen nicht vor.

3.3.2
Aktuelle und zukünftige Entwicklungen

3.3.2.1
Australien

In Australien wurde in den letzten Jahren die Entwicklung eines aus Facetten bestehenden Reflektors, der einen Durchmesser von 22,6 m und damit eine Reflektorfläche von etwa 400 m^2 besitzt, vorangetrieben (siehe Abbildung 3.26). Der Konzentrator ist azimutal ausgerichtet und erzielt einen Wirkungsgrad von etwa 80 % bei einem mittleren Konzentrationsverhältnis von 800 und einem maximalen von 1500. In dem im Brennpunkt angeordneten Receiver (Aperturöffnung ca. Ø 1,5 m) mit einer maximalen thermischen Leistung von 340 kW$_{th}$ wird direkt Dampf produziert, der über isolierte Rohre zu einem Dampfmotor, der eine Dampfeintrittstemperatur von 540 °C bei 42 bar benötigt, transportiert wird. Ausgehend von diesem Projekt ist zukünftig die Planung und der Bau einer 4-MW-Anlage für Tennan Creek vorgesehen.

Abb. 3.26. Australische Konzentratorentwicklung

4 Solarturmkraftwerke

Die Entwicklung der Solarturmkraftwerke begann in den frühen sechziger Jahren. Einer der Pioniere war der Italiener Giovanni Francias, der in der Nähe von Genua die erste Testanlage entwickelte. Weitere Testanlagen wurden in den USA (Georgia Institut of Technology in Atlanta) und Frankreich bis zum Ende der siebziger Jahre errichtet. Infolge der Ölpreissteigerung wurden 7 Solarturmkraftwerke mit einer Leistung von 500 kW_{el} bis zu 10 MW_{el} in Italien, Spanien, Frankreich, Japan, den USA und Rußland gebaut und getestet.

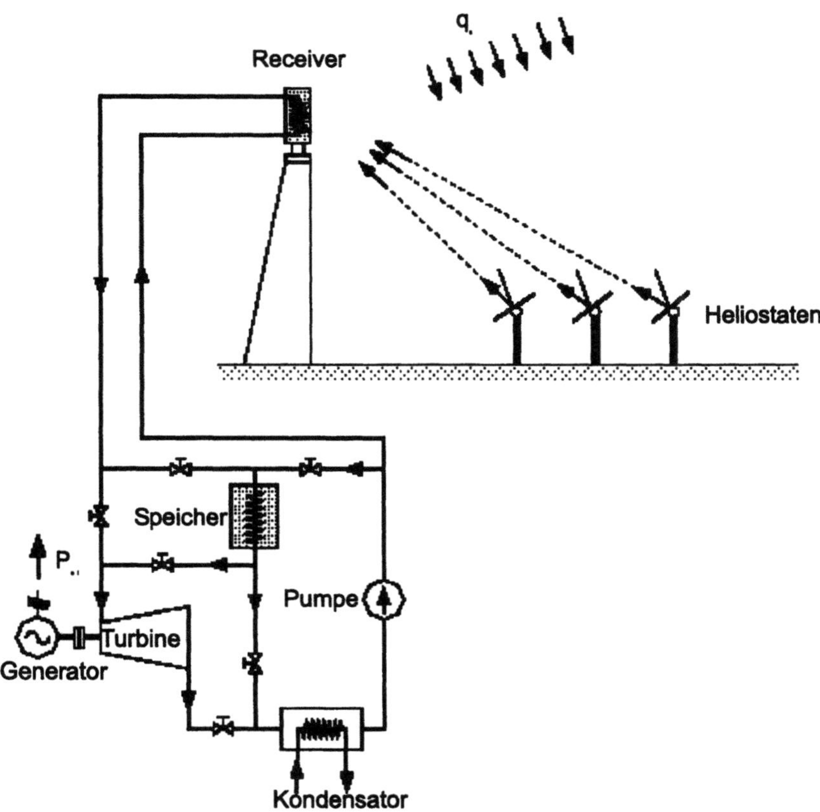

Abb. 4.1.   Schematischer Aufbau eines Turmkraftwerks

Aufbau von Solarturmkraftwerken

Der schematische Aufbau eines Solarturmkraftwerkes ist in Abbildung 4.1 dargestellt. Die Solarstrahlung wird über ein Heliostatenfeld (Spiegel) konzentriert und
auf einen Receiver reflektiert, der sich auf der Spitze eines Turms befindet. In
diesem wird die einfallende Solarstrahlung absorbiert und an ein Wärmeträgerfluid
übertragen. Als Wärmeträgermedien können Natrium, Salzschmelzen (60 % Natriumnitrat, 40 % Kaliumnitrat), Luft und Wasser/Dampf eingesetzt werden. Mittels
eines Wärmetauschers wird die vom ersten Kreislauf („Receiverkreislauf") tran-
portierte Wärme an den Dampfkreislauf übertragen. Im Fall des Einsatzes von
Wasser/Dampf als Wärmeträgerfluid kann auf einen zweiten Kreislauf verzichtet
werden („Direktverdampfung", vgl. Abbildung 4.1). Die Integration eines Speichers in das System ist nicht unbedingt notwendig, jedoch zur Überbrückung von
Strahlungsfluktuationen und Lastschwankungen sinnvoll. Die Stromproduktion
erfolgt durch konventionelle Kraftwerkstechnik (Dampferzeuger, Turbine mit
Generator, Kondensator und Pumpsystem).

4.1
Komponenten

Die wichtigsten Bauteile eines Solarturmkraftwerkes sind (vgl. Abbildung 4.1):

- Heliostatenfeld,
- Turm mit Receiver,
- Wärmeträger- und/oder Dampfkreislauf,
- Speicher sowie
- konventioneller Dampferzeuger bzw. Generator.

Die spezifischen Komponenten des Solarturmkraftwerkes werden im Gegensatz
zur verwendeten konventionellen Kraftwerkstechnik nachfolgend erläutert.

4.1.1
Heliostaten

Die Reflektoren eines Solarturmkraftwerks werden als Heliostaten bezeichnet. Prin-
zipiell sind dabei 2 Heliostattypen zu unterscheiden, das Glas/Metall- und das
Membran-System.

4.1.1.1
Aufbau der Heliostaten

Der Heliostat ist im allgemeinen auf einem Betonfundament montiert. Die Spiegeltafel ist dabei an einer Tragsäule über einem Getriebeblock befestigt. Die Spiegel-
module werden mit Hilfe des stark untersetzten Getriebes dabei so justiert, daß der
Gesamtheliostat eine definierte optische Brennweite erhält. Dieses stark untersetzte
Getriebe wird auch für die zweiachsige Nachführung der einzelnen Heliostaten
verwendet.

Glas/Metall-Heliostat

Die Glas/Metall-Heliostaten sind die zur Zeit weitest verbreiteten Spiegel. Eine schematische Darstellung eines solchen Heliostaten zeigt Abbildung 4.2.

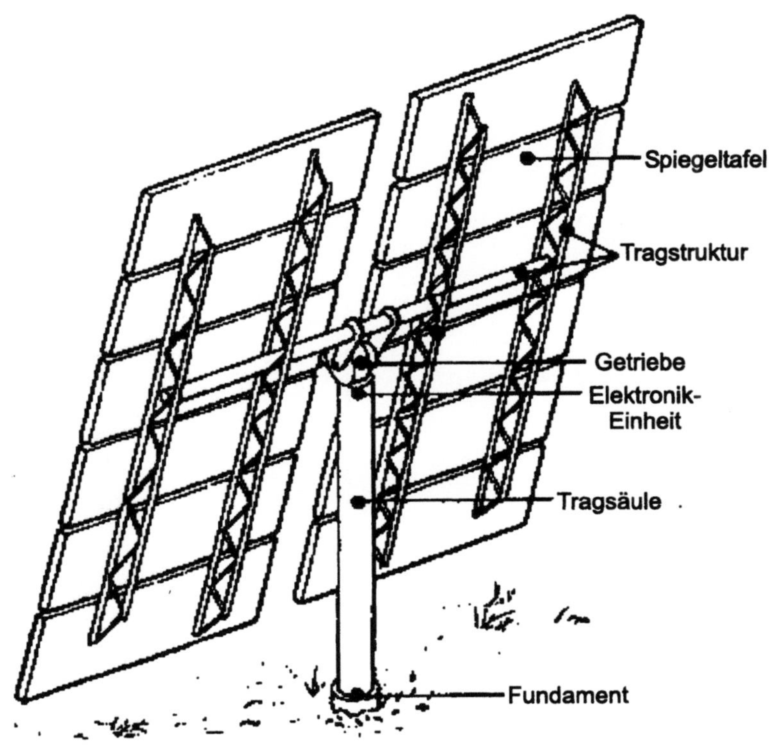

Abb. 4.2.   Prinzipieller Aufbau des Glas/Metall-Heliostaten

Bei diesem Heliostattypen werden ebene Spiegeltafeln so auf eine Tragstruktur montiert, daß eine fokussierende Gesamtfläche entsteht. Bei der Entwicklung von Solarturmkraftwerken wurden Glas/Metall-Heliostaten vor allem in den USA und in Europa in verschiedenen Größen und Bauformen hergestellt. Derzeit sind seriengefertigte Heliostaten mit einer Aperturfläche von 150 m^2 verfügbar. Ein Prototyp mit einer Reflexionsfläche von 200 m^2 (Firma SPECO) wird derzeit von den SNL (Sandia National Laboratories) in Albuquerque (USA) getestet. Die in der Praxis üblicherweise eingesetzten Heliostaten sind jedoch in der Regel kleiner. So wurden z.B. auf der GAST-Anlage (GAST = GAsgekühlte-Solarturm-Technologie) auf der PSA (Plataforma Solar de Almeria) als Testserieneinheit Heliostaten mit einer Fläche von 65 m^2 und 52 m^2 eingesetzt. Abbildung 4.3 zeigt die 52-m^2-Testserieneinheit dieses Projektes.

Abb. 4.3.   52-m^2-Glas/Metall-Heliostat (Testserie) des GAST-Programmes auf der PSA

Der wesentliche Vorteil der Glas/Metall-Heliostaten besteht darin, daß bei auftretenden Korrosionserscheinungen nur die betroffene Spiegeltafel, nicht aber die gesamte Spiegelfläche ausgetauscht werden muß. Nachteilig gestaltet sich die Kostenstruktur des Glas/Metall-Heliostaten. Außerdem ist keine exakte Fokussierung auf einen Punkt des Absorbers möglich, da es sich bei den Spiegeln um ebene Flächen handelt, die eine entsprechende Ausdehnung der „Brennfläche" auf der Absorberoberfläche bewirken. Ebenfalls nachteilig wirkt sich die mechanische Unflexibilität aus, z.B. muß bei einer notwendigen Änderung des Brennpunktes der ganze Heliostat umgebaut werden. Bei einem Störfall ist es zur Defokussierung notwendig, den gesamten Heliostaten aus der Solarstrahlung herauszudrehen. Aus diesen Gründen werden alternativ zu den Glas/Metall-Heliostaten die Membran-Heliostaten entwickelt und verwendet.

Membran-Heliostaten

Abbildung 4.4 zeigt den schematischen Aufbau eines Membran-Heliostaten.

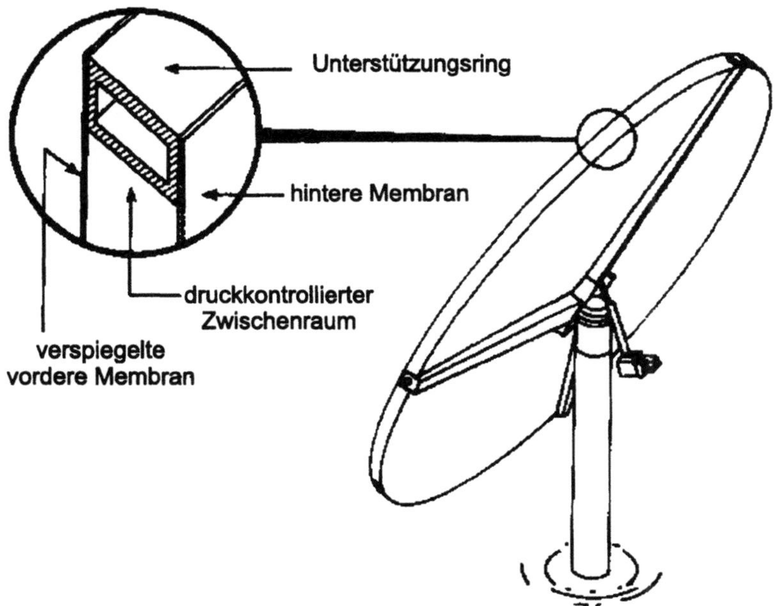

Abb. 4.4.   Prinzip der Membran-Heliostaten

Bei der Herstellung dieser Heliostatenbauform wird eine Membran über einen Unterstützungsring gespannt (vgl. Abbildung 4.4). Auf der Rückseite des Druckrings ist eine zweite Membran angebracht. Durch Unterdruck im entstehenden Zwischenraum wird die vordere Membran so verformt, daß eine konkave Kontur entsteht. Bei dem Material der vorderen Membran sind folgende zwei Arten zu unterscheiden. Zum einen wird ein Material verwendet (z.B. dünnwandige Stahlble-che), das nach der Fokussierung mit Spiegelglas beklebt werden muß. Die zweite Möglichkeit besteht darin, eine reflektionsfähige Polymerfilmmembran, die keiner Bedeckung mit Spiegelglas bedarf, auf den vorderen Ring aufzubringen. Ein Proto-typ des Heliostaten mit gespannten Membranen wurde Anfang 1995 von der Firma SBP auf der PSA errichtet (vgl. Abbildung 4.6). Es handelt sich um einen 150 m^2 großen Spiegel, bei dessen Konstruktion eine Reihe von Gesichtspunkten für eine Serienfertigung eingeflossen sind. Der Fertigungsablauf dieses Heliostaten mit gespannten Membranen ist in Abbildung 4.5, der fertiggestellte in Abbildung 4.6 dargestellt.

Abb. 4.5.   Membran-Heliostat mit Metallmembran während des Zusammenbaus

Abb. 4.6.   Membran-Heliostat mit Metallmembran, Spiegelfläche 150 m^2

In Abbildung 4.5 ist der zusammengebaute, aber noch nicht mit Spiegeln beklebte Prototyp dargestellt. Abbildung 4.6 zeigt dagegen den bereits beklebten und aufgestellten Spiegel.

Neben den SBP-Konzentratoren werden Membran-Heliostaten mit reflektionsfähiger Polymerfilmmembran auch von der Firma Solar Kinetic Inc. auf der Anlage der SNL mit einer Fläche von 40 m^2 erprobt (vgl. Abbildung 4.7).

Abb. 4.7. Prototyp eines Membran-Heliostaten mit reflektionsfähiger Polymerfilmmembran auf der SNL

Ziel der Entwicklung der Membran-Heliostaten ist es, bei einer vergleichbaren optischen Abbildungsqualität durch eine Fertigung in hohen Stückzahlen ein starke Kostenreduktion zu erreichen. Dabei hat die Verwendung leichtgewichtiger Materialien (z.B. Polymerfolien, dünnwandige Stahlbleche, Tierhäute) einen positiven Einfluß auf die Preisentwicklung. Ein wesentlicher Vorteil der Membran-Heliostaten liegt in ihrer mechanischen Flexibilität, d.h. zur Defokussierung der Heliostaten muß nur der Druck in dem Zwischenraum erhöht werden. Darüber hinaus ist durch die konkave Struktur eine exakte Fokussierung auf den Receiver möglich.

4.1.1.2
Kostenbetrachtungen

In den letzten beiden Jahrzehnten haben sich die spezifischen Investitionskosten der beiden Heliostatenarten erheblich verringert (vgl. Abbildung 4.8).

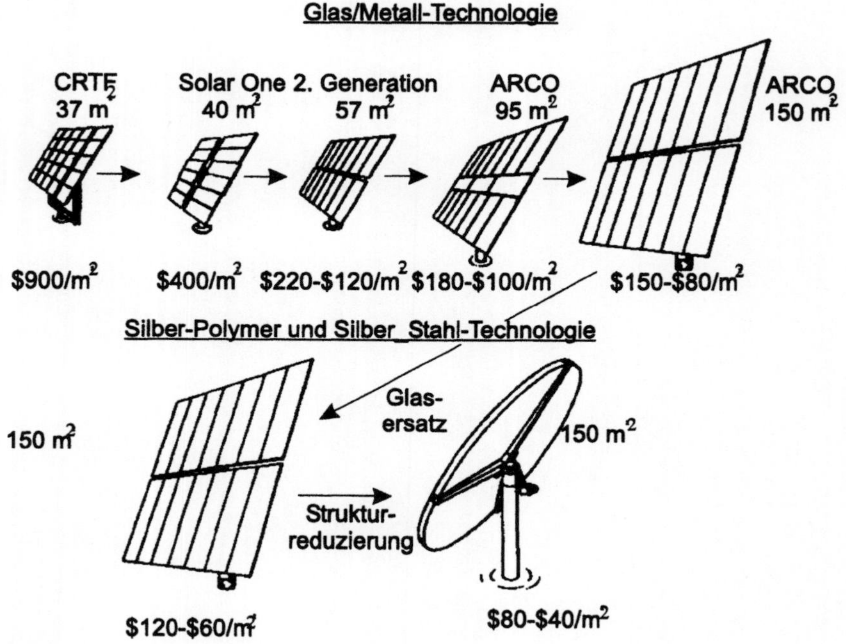

Abb. 4.8.   Darstellung der Preisentwicklung bei den Heliostaten

Im Bereich der Glas/Metall-Heliostaten reduzierten sich die spezifischen Modulkosten seit Ende der siebziger Jahre auf ca. 10–20 % bzw. von 900 US\$/m² des

ersten 37-m²-Heliostaten der CRTF (Central Receiver Test Facility) auf
80–150 US$/m² bei dem 150-m²-Heliostaten der Firma ARCO (Atlantic Richfield
COrporation). Durch den Einsatz neuer Materialien, d.h. den Ersatz der Glas/
Metall-Struktur durch „Silber/Polymer"- oder „Silber/Stahl"-Strukturen sind
Kosten von 60–120 US$/m² möglich. Durch eine Gewichtsreduktion, die in die
Entwicklung der Membran-Heliostaten mündete, ist eine weitere Preisreduktion auf
40–80 US$/m² erreichbar. In weiteren Versuchsprojekten wurde festgestellt, daß
eine weitere Kostenreduzierung kaum noch möglich ist.

4.1.1.3
Auslegung von Heliostatfeldern

Bei der Anordnung der Heliostaten werden zwei verschiedene Feldtypen unterschieden (vgl. Abbildung 4.9), nämlich das umlaufende und das einseitige Feld.

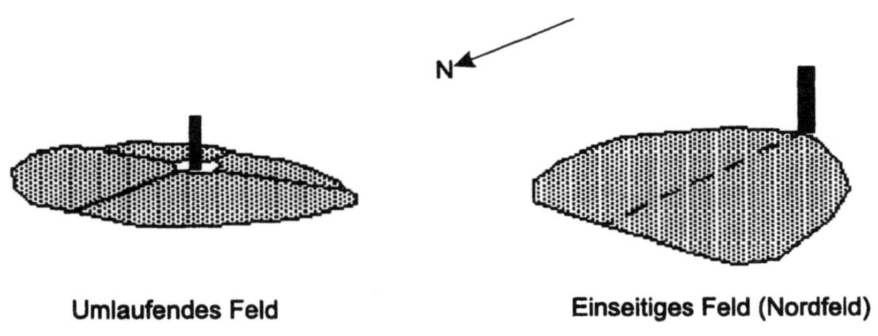

Abb. 4.9. Möglichkeiten der Anordnung der Heliostaten im Feld einer Solarturmanlage (nördliche Halbkugel)

Umlaufende Felder

Bei den umlaufenden Feldern werden die Heliostaten um einen zentral im Feld
aufgestellten Turm angeordnet. Abbildung 4.10 zeigt die schematische Darstellung
eines umlaufenden Feldes.

Bedingt durch die Anordnung der Heliostaten ist die Anwendung eines offenen
Absorbers notwendig, um die reflektierte Strahlung von den südlich des Turms
gelegenen Heliostaten zu absorbieren. Ferner ist zu erkennen, daß mit zunehmendem Abstand der Heliostaten zum Turm ihr Abstand zueinander größer wird. Die in
Abbildung 4.10 dargestellte Feldauslegung eines umlaufenden Feldes basiert auf
einer Heliostatenfläche von 65 m² und einer Leistung von 60 MW$_{el}$.

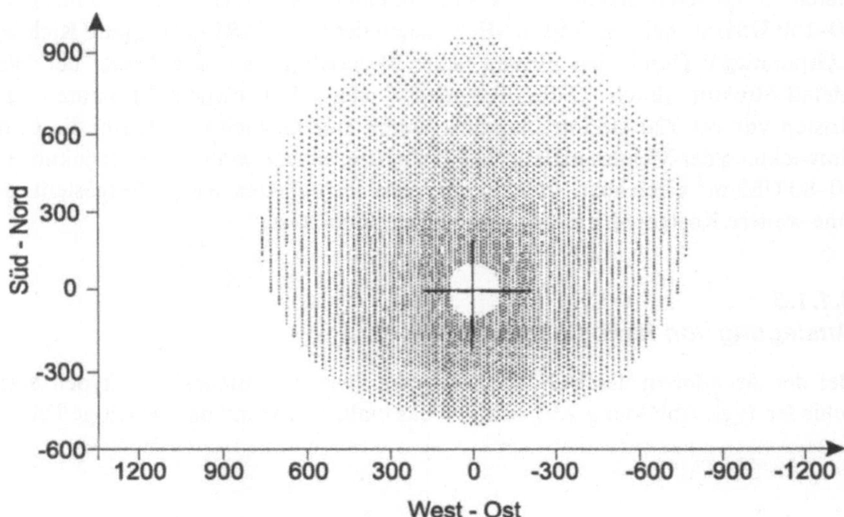

Abb. 4.10. Prinzipieller Aufbau eines umlaufenden Feldes (Angaben in [m])

Einseitige Felder

Bei der Auslegung eines einseitigen Feldes werden die Heliostaten je nach Standort
der Solarturmanlage auf der nördlichen bzw. südlichen Hemisphäre nördlich bzw.
südlich des Turms angeordnet. Abbildung 4.11 zeigt die schematische Darstellung
eines einseitigen Feldes (Nordfeld).

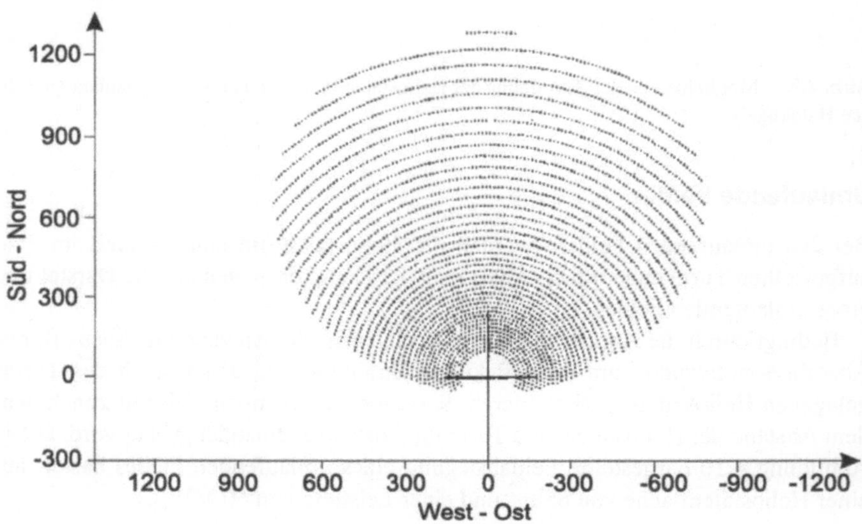

Abb. 4.11. Prinzipieller Aufbau eines einseitigen Feldes (Nordfeld) (Angaben in [m])

In einem einseitigen Feld werden, bedingt durch dessen Anordnung, in der Regel geschlossene, d.h. auf der Rückseite wärmeisolierte Receiver verwendet.

Der Abstand der Heliostaten untereinander wird, wie beim umlaufenden Feld, mit zunehmendem Abstand des Heliostaten zum Turm größer. Der in Abbildung 4.11 dargestellte prinzipielle Aufbau eines einseitigen Feldes bezieht sich ebenso wie bei dem umlaufenden Feld auf eine Heliostatenfläche von 65 m^2 und eine Leistung von 60 MW$_{el}$.

Durchgeführte Optimierungsrechnungen und Simulationen ergaben Vorteile für das umlaufende Feld, welches aufgrund der kreisförmigen Anordnung der Heliostaten um den Turm geringere Reflektionswege besitzt. Die Plazierung des Turms innerhalb des Feldes ermöglicht eine bessere Ausnutzung der auf die Grundfläche einfallenden Solarstrahlung. So kann die Zahl der benötigten Heliostaten und damit die Größe der erforderlichen Landfläche reduziert werden.

Nachteilig wirkt sich bei beiden Feldanordnungen die Schattenbildung des Turms und des auf der Spitze des Turms montierten Receivers auf die Heliostaten aus. Bei der Ausrichtung der Heliostaten innerhalb der gewählten Feldauslegung muß deren jeweils individueller Neigungswinkel berücksichtigt werden.

4.1.1.4
Regelung und Nachführung der Heliostaten

Da die Heliostaten die einfallende Solarstrahlung zu jeder Tages- und Jahreszeit auf die Receiveroberfläche fokussieren müssen, werden sie dem Sonnenstand nachgeführt. Die momentan verwendeten Heliostaten besitzen alle ein zweiachsiges Nachführungssystem, das mit dem stark untersetzten Getriebe eine kontinuierliche Nachführung erlaubt. Diese erfolgt dabei, entsprechend des sich mit der Tages- und Jahreszeit verändernden Sonnenstandes, durch eine zweiachsige Spiegelbewegung, d.h. durch das axiale Drehen der Spiegel um die vertikale Säulenachse (Azimut) bzw. das Drehen der Schwinge um die horizontale Achse (Kippen, Elevation). Die Steuerung der Getriebemotoren durch das Kraftwerkleitsystem erfolgt für jeden Heliostaten in Abhängigkeit seiner Position zum Turm bzw. zum Receiver separat. Die kontinuierliche Nachführung der Spiegelpositionen verlangt durch die Entfernung zwischen dem Receiverturm und dem letzten Heliostaten von bis zu 1.500 m eine hohe Präzision.

Der schematische Aufbau einer üblichen Nachführungseinrichtung ist in Abbildung 4.12 dargestellt. Der Heliostat enthält in der Regel ein horizontales sowie ein vertikales Motorgetriebe und einen Stellungsgeber. Die aktuelle Spiegelstellung wird abgetastet und mit einem vom Zentralrechner (Heliostatrechner) ermittelten Sollwert verglichen. Bei einer Positionsabweichung wird der Spiegel über entsprechende Antriebseinheiten (Motorgetriebe) nachgestellt.

Dieses Leit- und Kontrollsystem bewegt einzelne Heliostaten bei Bedarf auch in Positionen, in denen sie keine Strahlung auf den Receiver reflektieren (z.B. bei Wärmestau im Receiver, zur Reinigung der Heliostaten oder im „Stand-by"-Zustand der Anlage).

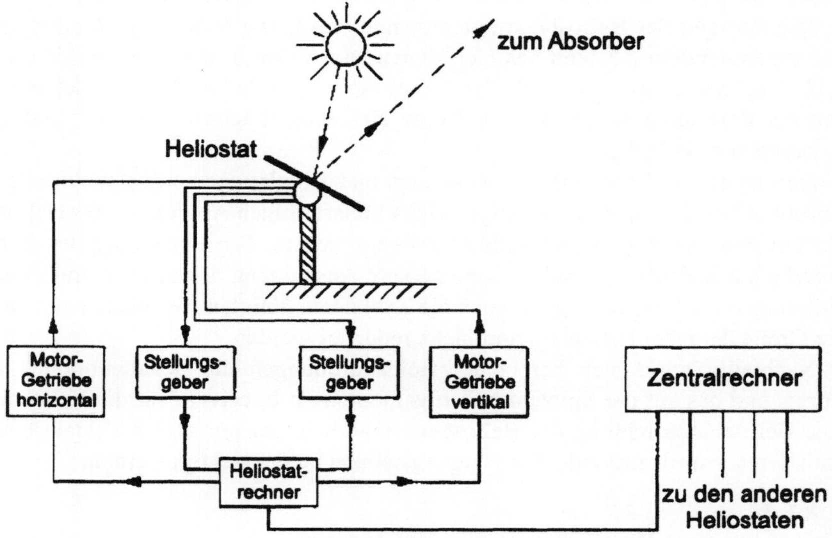

Abb. 4.12. Vereinfachtes Schema einer Heliostat-Nachführungseinrichtung

Zielstrategien

Bei der Fokussierung der Solarstrahlung auf den Receiver sind grundsätzlich zwei unterschiedliche Zielstrategien zu unterscheiden, die bei den bisher gebauten Solarturmkraftwerken je nach Bedarf verwendet werden (vgl. Abbildung 4.13). Dies sind die

- Fokussierung der Strahlungsenergie auf eine Ziellinie und die
- Fokussierung der Strahlungsenergie auf mehrere Ziellinien .

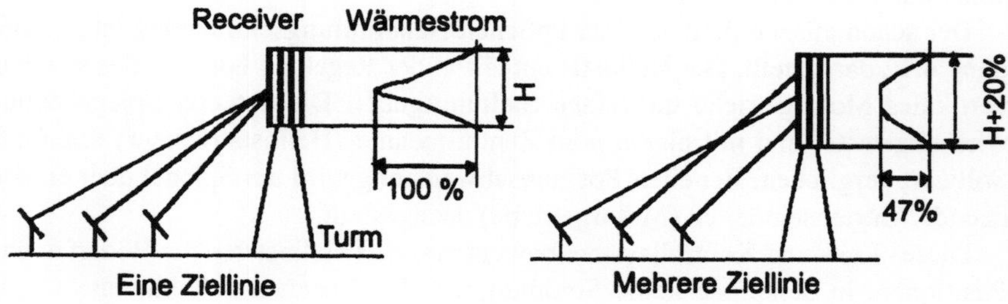

Abb. 4.13. Verschiedene Zielstrategien für die Nachführung der Heliostaten

Fokussierung auf eine Ziellinie

Bei der Zielstrategie mit einer Ziellinie wird die von den Heliostaten konzentrierte Solarstrahlung auf ein Flächenelement des Absorbers konzentriert. Dadurch entsteht eine hohe Wärmebelastung auf das bestrahlte Flächenelement. Um eine Überhitzung des Absorbers zu vermeiden, wird diese Zielstrategie nur in bestrahlungsschwachen Zeitperioden (z.B. im Winter) verwendet.

Fokussierung auf mehrere Ziellinien

In bestrahlungsstarken Zeitabschnitten (z.B. im Sommer) wird dagegen die von den Heliostaten konzentrierte Strahlung auf mehrere Ziellinien homogen über die Absorberoberfläche verteilt. Durch die Verteilung resultiert eine Wärmebelastungsspitze, die nur 47 % einer vergleichbaren Verwendung einer Ziellinie entspricht (vgl. Abbildung 4.13). Durch die Verwendung von mehreren Ziellinien muß allerdings auch die Absorberhöhe bis zu 20 % erhöht werden. Die Nachführung der Heliostaten ist, da eine weniger exakte Zielgenauigkeit auf einen Punkt des Absorbers notwendig ist, einfacher und somit weniger fehleranfällig.

4.1.1.5
Verluste im Spiegelfeld

Im Spiegelfeld treten eine Reihe unterschiedlicher Verluste auf, die den Gesamtwirkungsgrad von Solarturmanlagen beeinflussen. Die wichtigsten Aspekte — neben den bereits erwähnten Cosinusverlusten, Oberflächenfehlern und Reflektionsverlusten — sind:

* Blocken und Abschatten,
* Nachführungsungenauigkeiten,
* Windbelastung und Turmfehler sowie
* Heliostatenausfälle.

Die Verluste haben unterschiedliche Einflüsse auf den Gesamtwirkungsgrad der Anlage. Die üblichen Bereiche der einzelnen Verluste in bezug auf ein Solarturmkraftwerk sind in Tabelle 4.1 dargestellt.

Blocken und Abschatten

Blocken bezeichnet die Tatsache, daß für einen Spiegel durch einen Nachbarspiegel der „Blick" auf den Absorber ganz oder teilweise versperrt wird. Dieses kann beispielsweise durch einen größeren Abstand zwischen den Heliostaten vermieden werden. Mit wachsendem Abstand vom Turm oder mit größer werdenden Spiegeln muß auch der Abstand der Spiegel untereinander zunehmen. Er sollte jedoch minimiert werden, da die Nachführung mit wachsendem Abstand des Heliostaten zum Turm aufwendiger und ein zusätzlicher Landbedarf für den Aufbau des Spiegelfeldes erforderlich wird.

Tabelle 4.1. Übliche Bereiche für die Verluste im Spiegelfeld eines Solarturmkraftwerkes

Blocken und Abschatten	1 − 2 %
Cosinus-Verluste	5 − 30 %
Spiegelfehler und Nachführungsungenauigkeiten	1 − 10 %
Windbelastung und Turmfehler	3 − 7 %
Reflexionsverluste	5 − 20 %
Heliostat-Ausfallrate	0 − 2 %
Gesamt	15 − 71 %

Als Abschattung wird der Effekt bezeichnet, bei dem vor allem bei tiefstehender Sonne ein Teil der Solarstrahlung, durch einen Nachbarspiegel behindert, nicht auf den Heliostaten trifft. Ferner schattet der Turm einen Teil des Feldes ab.

Die Verluste durch Blocken und Abschatten weisen allerdings in bezug auf das Gesamtsystem in der Regel nur einen Anteil von 1–2 % auf, da diesen Verlusten durch konstruktive Maßnahmen entgegengewirkt werden kann.

Nachführungsungenauigkeiten (Orientierungsfehler)

Unter den Nachführungsungenauigkeiten werden Justierungsfehler bei der Nachführung der Heliostaten verstanden. Bei heute bekannten Solarturmanlagen betragen die zulässigen Abweichungen in der Nachführung, bezogen auf den Neigungswinkel, etwa 2–4 mrad. Bei einer Entfernung von beispielsweise 100 m darf somit die Abweichung des reflektierten Strahls vom Zielpunkt nur ca. 20–40 cm betragen. Bei Abweichungen von dieser Vorgabe treten Leistungsverluste am Absorber auf, da ein Teil der reflektierten Strahlung den Absorber verfehlt und zu einer unerwünschten Aufheizung des Absorbergehäuses führt.

Durch steigende Fertigungsgenauigkeiten der Spiegel und verbesserte Nachführungen der Heliostaten liegen die zu erwartenden Verluste durch Nachführungs- und Spiegelfehler, die in diesem Zusammenhang ebenfalls berücksichtigt werden, zwischen 1–10 %.

Windbelastung an Heliostaten und Turm

Zur Reduktion der Fertigungskosten werden Heliostaten zunehmend größer gebaut, d.h. mit größeren Aperturflächen versehen. Aufgrund ihrer großen Reflexionsfläche bieten sie der Luftbewegung eine entsprechend große Angriffsfläche. Die auf die Spiegel wirkende Windbelastung ist proportional zum Quadrat der Heliostatenfläche. Durch Windlasten entstehende Verbiegungen bzw. Deformationen der Spiegelfläche sowie Schwingungen, die eine Auslenkung des auf den Absorber reflektierten Strahls zur Folge haben, führen somit ebenfalls zu Leistungsverlusten. Um diese zu reduzieren, wird der Spiegel auf einer besonders biegesteifen Struktur montiert. Allerdings setzen hier die Baukosten enge Grenzen.

Neben den Heliostaten ist aufgrund seiner Bauhöhe auch der Receiverturm Windbelastungen ausgesetzt. Die hierdurch bedingten Auslenkungen des Turms werden als Turmfehler bezeichnet. Auch die einseitige Erwärmung des Receivers auf der Sonnenseite, wie sie vor allem bei einseitigen Feldern auftritt, führt zu Thermospannungen und Hitzestaus im Receiver, welche ebenfalls in Turmbewegungen münden und zu Leistungsverlusten führen.

Durch entsprechende Effekte werden unter Umständen Verluste von ca. 3–7 % verursacht. Infolge von Weiterentwicklungen, wie z.B. veränderten Heliostatträgerstrukturen, können die Verluste durch Windbelastungen sowohl an den Heliostaten als auch am Turm reduziert werden.

Heliostaten-Ausfallrate

Mit dieser Verlustquelle wird die Abweichung von einem durchgehenden Betrieb des Heliostaten beschrieben. Als Ausfall eines Heliostaten werden Stillstandzeiten, z.B. zur Reparatur oder Reinigung, bezeichnet. Die Heliostatausfallrate liegt bei ca. 0–2 %.

4.1.2
Receiver

Die zweite Komponente eines Solarturmkraftwerks (vgl. Abbildung 4.1), die beschrieben werden soll, ist der auf der Spitze des Turmes befestigte Receiver. Dieser besteht aus einem Absorber (vgl. Abbildung 4.14), der die von den Heliostaten reflektierte konzentrierte Solarstrahlung absorbiert, und – optional – einem umgebenden Gehäuse. Der Receiver überträgt die Wärmeenergie der Solarstrahlung an das Wärmeträgermedium.

4.1.2.1
Aufbau der Receiver

Bei der Ausführung des Absorbers (Receivers) sind die drei in Abbildung 4.14 dargestellten unterschiedlichen Konzepte möglich.

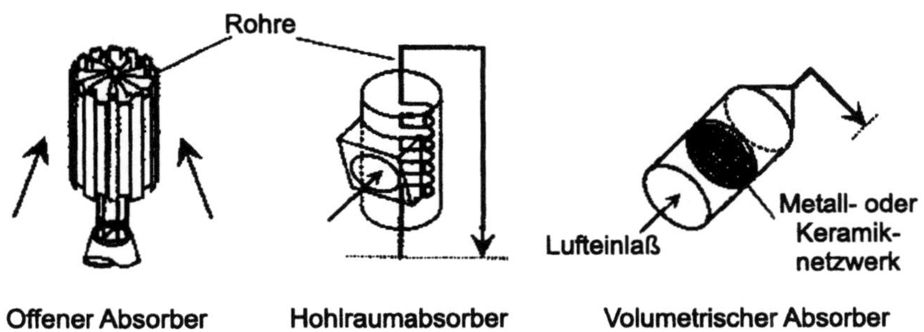

Abb. 4.14. Absorberkonzepte für Turmkraftwerke

Offener Absorber

Die Oberfläche des offenen Absorbers besteht entweder aus einer Vielzahl nebeneinanderliegender Rohre oder – wie bei dem später genauer behandelten Filmreceiver-Konzept – aus einem Fluidfilm, der über die Außenseite des Absorbers geleitet wird. Die an der Außenseite des Absorbers absorbierte Wärmeenergie wird durch den Rohrmantel an das Wärmeträgerfluid geleitet. Offene Absorber sind, bedingt durch die einfache Bauart, kostengünstig zu fertigen. Sie bieten jedoch kaum Schutz gegen Konvektionsverluste. Ausreichende Wirkungsgrade werden nur erreicht, wenn der Absorber klein gebaut und mit hohen Wärmestromdichten betrieben wird. Da offene Absorber von allen Seiten zu bestrahlen sind, erlauben sie eine größere Flexibilität beim Aufbau des Heliostatenfeldes und reduzieren den Flächenbedarf der Anlage. Offene Absorber-Systeme werden beispielsweise in der Solar-One-Anlage, der IEA-SSPS-CRS (International Energy Agency – Small Solar Power System – Central Receiver System) in Agip als Franko-Tosi-Receiver und in der Solar-Two-Anlage verwendet. Während des Betriebes gemessene Receiverwirkungsgrade sind in Tabelle 4.2 dargestellt.

Tabelle 4.2. Gemessene Receiverwirkungsgrade offener Absorber

Receivertyp	Wärmeübertragungsfluid	Wirkungsgrad	Standort
SSPS (Tosi)	Natrium	72 %	Almeria, Spanien
SUNSHINE	Dampf	78 %	Nio Town, Japan
Solar One	Wasser/Dampf	78 %	Barstow, USA
SPP-5	Dampf	76 %	Kertsch, Rußland
Solar Two	Salzschmelze	81 %	Barstow, USA

Ein Beispiel für einen ausgeführten offenen Absorber, den in der Solar-One-Anlage verwendeten Wasser/Dampf-Receiver, zeigt Abbildung 4.15. Der abgebildete Receiver wurde zur Dampferzeugung konstruiert, wobei der Frischdampf (100 bar, 515 °C) bereits beim einmaligen Durchströmen der Rohrlänge gewonnen werden soll. Der Dampf gelangt vom Receiver direkt in die Dampfturbine bzw. einen thermischen Energiespeicher. Das Höhen-Durchmesser-Verhältnis von 2:1 ist das Ergebnis einer Optimierung von Receiverkosten und Strahlungsverlusten.

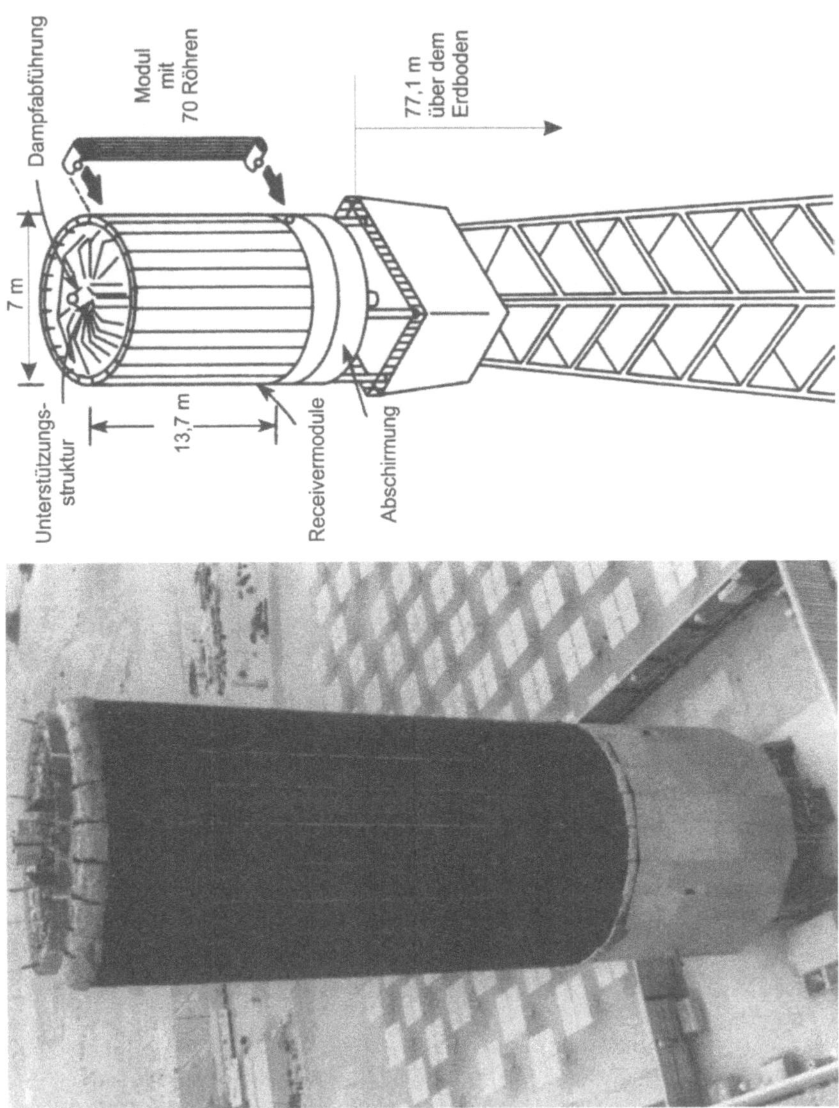

Abb. 4.15. 43,4 MW_{el} offener Wasser/Dampf-Receiver der Solar-One-Anlage in Barstow/USA

Filmreceiver-Konzept

Ein Sonderfall der offenen Receivertechnologie stellt das Filmreceiver-Konzept dar, das von den SNL weiterentwickelt wird (siehe Abbildung 4.16).

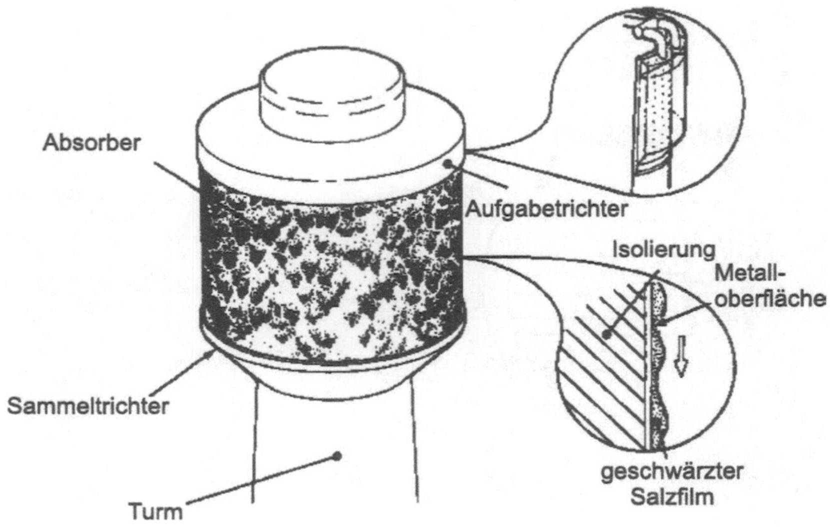

Abb. 4.16. Prinzipskizze des Filmreceiver-Konzeptes

Es wurde erstmals bei der Solar-Two-Anlage eingesetzt. Als Wärmeträgermedium wird eine Salzschmelze (60 % Natriumnitrat und 40 % Kaliumnitrat) verwendet. Aufgrund ihrer hohen Viskosität muß diese nicht in geschlossenen Rohren
geführt werden. Sie wird stattdessen als geschwärzter Film offen über eine isolierte
Metalloberfläche, die im Brennpunkt der Heliostaten angeordnet ist, geleitet. Über
einen Aufgabetrichter wird das dickflüssige Salz auf die Absorberoberfläche (Solar-
Two-Anlage: Durchmesser 5,1 m, Höhe 6,2 m) aufgetragen und fließt aufgrund der
Schwerkraft nach unten in den Sammeltrichter. Dabei erreicht die Salzschmelze
hohe Temperaturen (Solar-Two-Anlage: 565 °C). Die Wärme wird mit einem
sekundären Wärmeträgermedium (z.B. Dampf) an einen Wärmeträgerkreislauf
übertragen.

Der Vorteil eines solchen Filmreceivers liegt vor allem in der direkten Absorption der Solarstrahlung durch das Wärmeträgermedium, wodurch Transmissions-,
Absorptions- und Reflexionsverluste einer Umhüllung vermieden werden. Ebenfalls ist eine schnelle Reaktion auf Bestrahlungsvariationen möglich, da in solchen
Fällen der Massenstrom der Salzschmelze reduziert oder erhöht werden kann.

Als Nachteil dieses Konzeptes ist die Oxidation der Salzschmelze an der Umgebungsluft zu nennen, welche zu einer Alterung und letztlich Unbrauchbarkeit der
Salzschmelze führt. Außerdem muß die Salzschmelze bei Stillstand der Anlage auf
einer Temperatur von über 141 °C (Erstarrungstemperatur der Salzschmelze) gehalten werden, da sonst die Rohrleitungen durch Ablagerungen unbrauchbar werden.

Trotz zahlreicher Detailverbesserungen und unterschiedlicher Tests mit
verschiedenen Wärmeträgermedien bleiben die hohen konvektiven Wärmeverluste

an der Absorberoberfläche ein entscheidender Nachteil dieser Technologie. Möglichkeiten zur Verringerung der Wärmeverluste sind durch den Einsatz von Hohlraumabsorbern gegeben.

Hohlraumabsorber

In Abbildung 4.17 ist der schematische Aufbau eines Hohlraumabsorbers dargestellt.

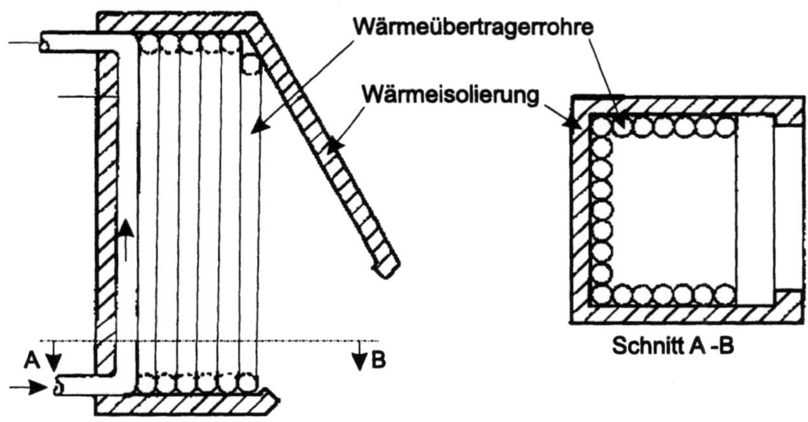

Abb. 4.17. Schematische Darstellung eines Hohlraumabsorbers

Bei diesem Receiverkonzept wird ein aus Röhren gefertigter Receiver in einem wärmeisolierten Hohlraum plaziert (vgl. Abbildung 4.17). Die Receiver besitzen, im Vergleich zu den offenen Absorbern, relativ kleine Einstrahlöffnungen (Apertur). Im Inneren des Receivers befindet sich der aus Rohrbündeln bestehende Absorber. Durch die deutlich verringerten Konvektionsverluste werden höhere Wirkungsgrade im Vergleich zu den offenen Absorbern erreicht. Als Wärmeträgermedien werden Salzschmelzen, Natrium und Wasser/Dampf verwendet. Hohlraumabsorber werden bei der IEA-SSPS-CRS als Sulzer-Receiver, der CESA-1-Anlage (Central European Solar Area) und der Thémis-Anlage verwendet. Die gemessenen Receiverwirkungsgrade der ausgeführten Anlagen sind in Tabelle 4.3 dargestellt.

Abbildung 4.18 zeigt beispielsweise den 9-MW_{th}-Hohlraumabsorber der Thémis-Anlage in Targasonne/Frankreich, bei der eine Salzschmelze aus 60 % Natriumnitrat und 40 % Kaliumnitrat als Wärmeträgermedium verwendet wurde, während des Betriebes.

Tabelle 4.3. Gemessene Receiverwirkungsgrade von Hohlraumabsorbern

Receivertyp	Wärmeübertragungsfluid	Wirkungsgrad	Standort
SSPS (Sulzer)	Natrium	0,88	Almeria/Spanien
EURELIOS	Dampf	0,93	Adrano/Italien
CESA-1	Dampf	0,91	Almeria/Spanien
Thémis	Salzschmelze	0,88	Targasonne/Frankreich

Abb. 4.18. 9-MW_{th}-Hohlraumabsorber (Thémis-Anlage, Targasonne/Frankreich)

Die Hohlraumabsorber haben gegenüber den offenen Absorbern – wie bereits erwähnt – den Vorteil reduzierter Konvektionsverluste. Durch die geringere Gefahr der Oxidation oder einer Entweichung des Wärmeträgermediums besteht eine größere Variation bei der Verwendung der Wärmeträgermedien.

Ihr Nachteil besteht in der gegenüber den offenen Absorbern kostenintensiveren Herstellung des Receivers, da zusätzlich zu den Rohrbündeln ein Gehäuse gefertigt werden muß, in welches diese montiert werden.

Eine weitere Alternative stellt das im Folgenden dargestellte Konzept des volumetrischen Absorbers dar.

Volumetrischer Receiver

Volumetrische Receiver werden überwiegend in Europa (PHOEBUS-TSA-Programm (TSA = Technologyprogram-Solar-Air-Receiver)) entwickelt und eingesetzt. Auf das PHOEBUS-Programm beziehen sich auch die angegebenen technischen Daten.

Abbildung 4.19 zeigt die schematische Darstellung eines volumetrischen Receivers.

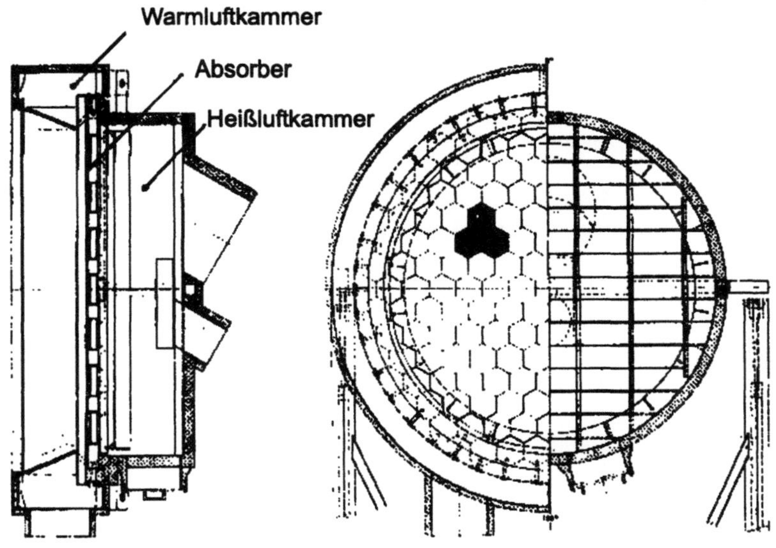

Abb. 4.19. Schnitt durch einen volumetrischen Luftreceiver

Daran ist zu erkennen, daß der Receiver aus einer Warmluftkammer, dem eigentlichen Absorber (PHOEBUS-Anlage: 18,35 m Durchmesser) und der dahinter liegenden Heißluftkammer besteht.

Der Absorber besteht aus einem Metall- oder Keramiknetzwerk, das von der einfallenden Strahlung erhitzt und von Luft durchströmt wird. Im rechten Teil der

Abbildung 4.19 ist ein Schnitt durch die Oberfläche des Receivers dargestellt, der den Aufbau der Anlage verdeutlicht. Die hierbei schwarz eingefärbten Flächenelemente sind vier exemplarisch ausgewählte Absorberelemente, die in Abbildung 4.20 vergrößert dargestellt sind.

Abb. 4.20. Absorbermodule eines volumetrischen Receivers

In der Abbildung 4.20 läßt sich das feinporige Metallnetzwerk erkennen, welches für die Durchströmung mit Umgebungsluft notwendig ist. Ein Receiver für eine thermische Leistung von beispielsweise etwa 90 MW_{th} besteht aus etwa 4.000 solcher hexagonaler Absorbermodule mit einer Fläche von je 250 mm^2, die aus Drahtgewebestreifen bestehen und die konische Oberfläche lückenlos bedecken.

Zur genaueren Betrachtung der durch die Durchströmung entstehenden Wärmeübergänge zeigt Abbildung 4.21 eine schematische Darstellung eines einzelnen Absorberelementes.

Die auf die Absorberoberfläche von den Heliostaten fokussierte Solarstrahlung erwärmt die durch das Metall- oder Keramiknetzwerk des Absorbers strömende Umgebungsluft je nach Absorbermaterial auf Temperaturen von 700–800 °C (metallisches Absorbermaterial) oder 1.000 °C (keramisches Material). Der durchströmende Luftstrom wird mit Hilfe des hinter dem Absorber liegenden Lochbleches geregelt. Durch Variation der Lochdurchmesser innerhalb des Lochbleches wird über den Querschnitt des Absorbers eine gleichmäßige Lufttemperatur erzielt. Die nicht vollständig abgekühlte Luft aus dem Dampferzeuger wird wieder in die Warmluftkammer vor dem Absorber geleitet. Von dort strömt sie durch geeignete Düsen in Richtung Absorber. Auf diese Art werden 60 % der Warmluft wieder dem Kreislauf zugeführt. In Abbildung 4.21 wird deutlich, daß die Absorption nicht wie bei den offenen Receivern oder den Hohlraumabsorbern an der Oberfläche, sondern in einem definierten Volumen innerhalb des Receivers stattfindet. Dadurch werden Verluste durch Reflexion und Rückstrahlung im Infrarotbereich des Spektrums wesentlich reduziert.

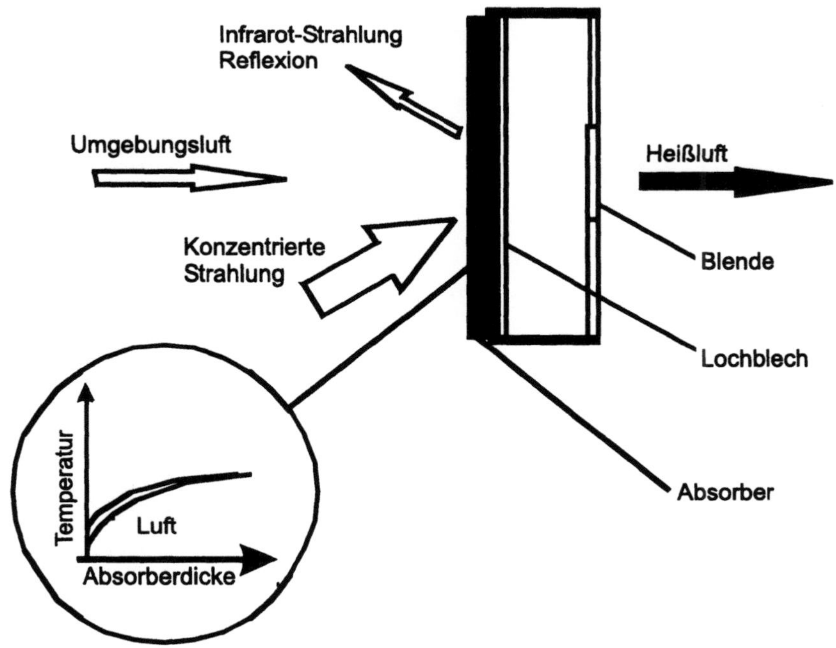

Abb. 4.21. Querschnitt durch ein Absorbermodul

Während der Entwicklung des volumetrischen Receivers wurden neben Simulationsrechnungen im Rahmen des PHOEBUS-Projektes Tests mit dem Inventar der ehemaligen CIEMAT-Anlage in Manzarenas/Spanien unter Verwendung eines 200-kW$_{th}$-volumetrischen Receivers der Firma Sulzer durchgeführt. Abbildung 4.22 zeigt diesen Receiver während der Versuchsphase.

Ein Vorteil dieser Receiverart ist, daß sowohl offene als auch geschlossene Kreisläufe integrierbar sind. Für geschlossene benötigt der Receiver allerdings ein Quarzglasfenster, welches hitzebeständig und gleichzeitig luftundurchlässig ist. Ein solches befindet sich zur Zeit noch in der Entwicklung. Weitere Vorteile liegen in der hohen Betriebstemperatur, der relativ unproblematischen Handhabung des Wärmeträgermediums Luft und der schnellen Startgeschwindigkeit des Systems, welche daraus resultiert, daß das Wärmeträgermedium nicht erst durch den Receiver gepumpt werden muß. Außerdem ist die Luftgeschwindigkeit erheblich höher als die Fließgeschwindigkeiten des Natriums bzw. der Salzschmelze. Zur Erreichung des Betriebszustandes muß das Wärmeträgerfluid nicht vorgewärmt werden.

Abb. 4.22. 200-kW$_{th}$-volumetrischer Receiver auf der PSA

Ein Nachteil dieser Technologie ist allerdings in dem notwendigen voluminösen Aufbau des Receivers zu sehen. Der durch die erforderliche Fertigungsgenauigkeit erhöhte Kostenaufwand wirkt sich ebenfalls nachteilig aus.

Alle drei vorgestellten Receiverarten befinden sich noch in der Weiterentwicklung, so daß noch Wirkungsgradverbesserungen und Kostenreduktionen im Hinblick auf eine zunehmende Konkurrenzfähigkeit der Solarturmkraftwerke zu erwarten sind.

4.1.3
Wärmeträgermedium

Als Wärmeträgermedium werden Fluide und Gase bezeichnet, welche die Fähigkeit besitzen, Wärme zu transportieren. In Solarturmkraftwerken werden Wärmeträgermedien zur Kühlung des Absorbers, zum Transport der absorbierten Wärme zum Dampferzeuger und für den konventionellen Dampfkreislauf verwendet. Für ein Solarturmkraftwerk sind eine gute thermische Stabilität, geringe Korrosionsneigung, Feuergefährlichkeit und Gefährdung der Umgebung bei Leckage sowie ein wirtschaftlicher Anschaffungspreis des Wärmeträgermediums entscheidende Aspekte.

Bisher in den Solarturmkraftwerken verwendete und untersuchte Wärmeträgermedien sind Natrium, Wasser/Dampf, Salzschmelzen und Luft, welche im Folgenden näher beschrieben werden.

Natrium

Das Wärmeträgermedium Natrium ist durch seine Verwendung in der Kernkrafttechnologie bekannt. Im Bereich der Solarturmkraftwerke wurde Natrium als Wärmeträgermedium nur in der IEA-SSPS-CRS auf der PSA in Almeria eingesetzt. Dabei kamen sowohl ein offener Absorber (Tosi-Receiver) als auch ein Hohlraumabsorber (Sulzer-Receiver) zur Anwendung. Natrium weist bei 20 °C eine Wärmekapazität von 1,220 kJ/(kgK) und eine Wärmeleitfähigkeit von 133 W/(mK) auf. Es brennt bei höheren Temperaturen hypergol (d.h. spontane Entzündung und Flammenbildung bei Kontakt mit Sauerstoff), so daß mit besonderer Sorgfalt bei Entwurf und Fertigung der Anlage und bei Auswahl der Werkstoffe vorgegangen werden muß.

Da es als Schmelze sehr zähflüssig ist, beträgt der Arbeitsdruckabfall bei Betriebstemperaturen von 500–600 °C ca. 10 bar. Da die Erstarrungstemperatur von Natrium bei 97,7 °C liegt, ist zur Aufrechterhaltung der Flüssigphase bei Stillstand des Kraftwerks ist eine Zusatzheizung, nämlich das „trace heating" erforderlich. Die Gefahr der hypergolen Reaktion des Natriums zeigte sich bei der IEA-SSPS-CRS-Anlage, die nach einer Leckage im Leitungssystem einem Natriumbrand zum Opfer fiel und danach nicht mehr betrieben werden konnte. Aus diesem Grund wird das Natrium in heutigen Überlegungen im Bereich der Solarturmtechnologie nicht mehr berücksichtigt.

Wasser/Dampf

Der Wasserdampf wird als Wärmeträgermedium sowohl innerhalb des Receiverkreislaufes als auch im sekundären Wärmekreislauf eingesetzt. Da Wasser auch in konventionellen Wärmeübertragern Verwendung findet, liegen zu diesem Wärmeträgermedium die meisten Erfahrungen vor. Bei Temperaturen über 100 °C liegt Wasser als thermisch stabiler Dampf vor. Bei höheren Temperaturen expandiert der Wasserdampf sehr stark, so daß bei einem konstanten Volumen in einem geschlossenen Kreislauf eine starke Druckerhöhung entsteht. Da sich im Wasserdampf gelöste Gase (Sauerstoff, Kohlendioxid usw.) befinden, kann es zur Korrosion der Anlagenteile kommen. Durch die Ablagerung von den im Wasserdampf befindlichen Feststoffpartikeln auf der Absorberinnenseite wird die Wärmeleistung des Receivers reduziert. Aus diesem Grund muß das verwendete Wasser entgast und von Feststoffpartikeln gereinigt werden. Die spezifische Wärmekapazität von Wasserdampf bei einer Betriebstemperatur von ca. 500 °C beträgt 2,135 kJ/(kgK), die Wärmleitfähigkeit 66,97 mW/(mK). Das Wasser/Dampf-Gemisch wird als Wärmeträgermedium sowohl in offenen Absorbern (SUNSHINE, Solar One, SPP-5) als auch in Hohlraumabsorbern (EURELIOS, CESA-1) verwendet.

Salzschmelzen

Die im Bereich der Wärmeträgermedien verwendeten Salzschmelzen bestehen aus einem Gemisch aus 60 % Kaliumnitrat und 40 % Natriumnitrat, da für diese Zusammensetzung die besten Wärmekapazitäts- und –übergangseigenschaften ermittelt wurden. Durch diese positiven Eigenschaften kann bei Verwendung von Salzschmelzen kompakt und preiswert konstruiert werden. Durch Oxidation der Salzschmelzen mit dem in der Umgebungsluft vorhandenen Sauerstoff entsteht eine Veränderung der chemischen Struktur, die als Altern bezeichnet wird. Aus diesem Grund wurden die Salzschmelzen meist als geschlossene Kreisläufe konzipiert (Hohlraumabsorber in der Thémis-Anlage).

Bei dem Filmreceiver-Konzept (Solar-Two-Anlage) wurden der Salzschmelze Anti-Oxidationsmittel hinzugefügt, welche die Wärmeübertragungseigenschaften nicht beeinflussen. Der primäre Vorteil eines geschlossenen Kreislaufes mit Salzgemischen als Wärmeträgermedium für ein Solarturmkraftwerk liegt in dem niedrigen Arbeitsdruck und einer dadurch möglichen kompakteren Bauweise als bei Verwendung von Wasser/Dampf oder Natrium. Bei Salzgemischen ist wegen der Erstarrungstemperatur von 141 °C ebenso wie bei Natrium nach Stillstand der Anlage „trace heating" erforderlich.

Luft

Das Wärmeträgermedium Luft gestattet sowohl geschlossene als auch offene Kreisläufe. Luft ist überall verfügbar und besitzt, wie alle Gase, eine gute thermische Stabilität. Ähnlich dem Wasserdampf bedingen die in der Luft gelösten Gase (Sauerstoff, Kohlendioxid usw.) Korrosionserscheinungen innerhalb der Absorberinnenfläche und des Leitungssystems. Außerdem befinden sich in ungereinigter Luft ebenfalls Feststoffpartikel, die sich auf der Absorberinnenfläche und im Leitungssystem ablagern und damit die Wärmeleistung verringern können. Deshalb ist wie beim Wasserdampf eine Reinigung der Luft notwendig.

Bei höheren Lufttemperaturen muß besondere Sorgfalt auf den Entwurf, die Fertigung und die eingesetzten Werkstoffe des Receivers gelegt werden, da sonst die als Wärmeträgermedium verwendete Luft aus dem Kreislauf entweicht. Um diesem Problem entgegenzuwirken, wird sie mit Hilfe von Pumpen durch die Absorberoberfläche gesaugt.

Die spezifische Wärmekapazität beträgt bei einer Fluidaustrittstemperatur von ca. 1.000 °C, wie sie in dem volumetrischen Receiver des PHOEBUS-Projektes erreicht wird, 1,155 kJ/(kgK). Die Wärmeleitfähigkeit für diese Temperatur beträgt 71,54 mW/(mK).

4.1.3.1
Vergleich der Wärmeträgermedien

Die Kriterien zur Beurteilung eines Wärmeträgermediums sind die Wärmestromdichte, die mögliche maximale Fluidaustrittstemperatur, die Wärmekapazität und die Wärmeleitfähigkeit. Entsprechende Werte sind in Tabelle 4.4 aufgetragen.

Tabelle 4.4. Kenndaten verschiedener Wärmeübertragungsmedien

Fluid	Einheit	Natrium	Wasser/ Dampf	Salz- schmelze	Luft (volumetrischer Receiver)
mittl. Wärmestromdichte	$[MW/m^2]$	0,4-0,5	0,1-0,3	0,4-0,5	0,5-0,6
max. Wärmestromdichte	$[MW/m^2]$	1,4-1,5	0,4-0,6	0,7-0,8	0,8-1,0
max. Fluidaustrittstemp.	$[°C]$	540	490-525	540-565	700-1.000
Wärmekapazität c_p	$[kJ/kgk]$	1,220	2,135	k.A.	1,155
Wärmeleit- fähigkeit λ	$[W/mK]$	133	0,066	k.A.	0,071

In bezug auf die Spitzenwärmestromdichte weist Natrium die höchsten Werte auf. Da es aber das vorgenannte Sicherheitsrisiko in sich birgt, wird es – wie bereits erläutert – nicht mehr als Wärmeträgermedium in Solarturmkraftwerken eingesetzt.

Das Wärmeträgermedium Luft hat bei Verwendung in einem volumetrischen Receiver die höchste Fluidaustrittstemperatur. Da die Luft bei Umgebungstemperatur in den Receiver eintritt und dadurch kein „trace heating" wie bei der Verwendung von Salzschmelzen oder Natrium benötigt wird, ist davon auszugehen, daß der Einsatz von Luft zukünftig bevorzugt wird.

4.1.3.2
Kosten der Wärmeträgermedien

Die resultierenden Stromerzeugungskosten sind ein wichtiger Faktor bei der Beurteilung der Wärmeträgermedien. Aufgrund dieses Sachverhaltes ist eine Betrachtung der Stromerzeugungskosten eines Solarturmkraftwerkes bei Verwendung der Wärmeträgermedien Natrium, Wasser/Dampf, Salz und Luft (vgl. Abbildung 4.23) in Abhängigkeit von den Heliostatkosten notwendig. Das Verhältnis der einfallenden Solarstrahlung auf die Heliostaten zur Ausgangsleistung wird dazu mit Hilfe des Solarvielfachen SM (SM = Solar Multiple)

$$\text{Solar Multiple} = \frac{\text{Leistung des Solarfeldes}}{\text{Leistung der Dampfturbine}}$$

berücksichtigt.

Ein Wert SM von 1 bedeutet z.B., daß bei maximaler Einstrahlung das Solarfeld ausreicht, um die Dampfturbine bei Nennleistung zu betreiben. Solarvielfache größer 1 erlauben den Betrieb thermischer Speicher, um die Auslastung auch im rein solaren Betrieb zu erhöhen, bei einem Solarvielfachen kleiner 1 ist eine entsprechende Menge an fossilen Brennstoffen einzusetzen.

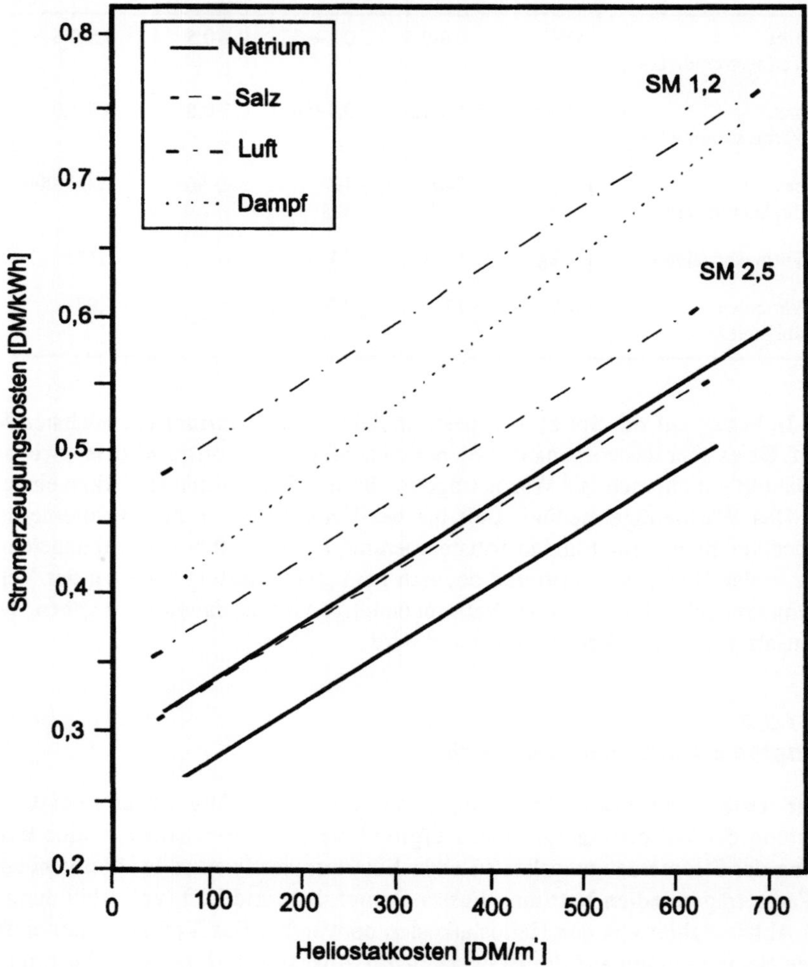

Abb. 4.23. Stromerzeugungskosten verschiedener Wärmeträgermedien

Die Stromerzeugungskosten durch den Einsatz verschiedener Wärmeträgermedien hängen linear von den Heliostatkosten ab. Bei einer Gesamtbetrachtung der Stromerzeugungskosten in Abhängigkeit von den Heliostatkosten und dem verwendeten Wärmeträgermedium ist zu erkennen, daß Salzschmelzen und Luft – abgesehen von dem nicht mehr verwendeten Natrium – die niedrigsten Stromerzeugungskosten aufweisen und daher in zukünftigen Solarturmkraftwerken als Wärmeträgermedium Einsatz finden werden. In bezug auf zu erwartende Heliostatkosten von ca. 100 DM/m^2 (vgl. Kapitel 4.1.1.2) betragen die Stromerzeugungskosten bei SM 2,5 bei Luft etwa 0,38 DM/kWh und bei Salz ca. 0,33 DM/kWh.

4.1.4
Wärmespeicher

Absorbierte Solarenergie zu speichern sowie diese bei Bedarf wieder nutzbar zu machen, ist eine Anforderung, die in den bisher verwirklichten Turmprojekten noch nicht befriedigend erfüllt werden konnte. In den Speichern wird die nicht direkt im Dampferzeuger benötigte Energie (SM größer 1) in Tanks gespeichert. Durch die Verwendung von Speichern vergrößert sich die Nutzungsdauer solarthermischer Kraftwerke bei Strahlungsfluktationen und Lastschwankungen sowie die tägliche Betriebszeit. Speichersysteme ermöglichen ferner die zeitliche Anpassung von Stromerzeugung und –verbrauch und verbessern die solaren Anteile der Anlage durch geringere fossile Zusatzfeuerung. Speichersysteme dienen dazu, die Stromerzeugungskosten zu minimieren (vgl. Kapitel 4.1.3.2). Allerdings finden Speicher in Solarturmkraftwerken nur optional Verwendung.

4.1.4.1
Auslegung

Die Größe eines Speichers wird danach bemessen, wie lange das Solarturmkraftwerk außerhalb der Sonnenscheindauer betrieben werden soll. Abhängig von der zusätzlich vorgesehenen Betriebszeit sind das Heliostatenfeld und der Receiver entsprechend größer auszuführen, um die für die Speicherladung notwendige Energie – über den laufenden Bedarf der Turbine und des Generators hinaus – liefern zu können.

Bei den bisher ausgeführten Anlagen bzw. Projektstudien wurden nur geringe Speicherkapazitäten integriert. Nach einer 1987 veröffentlichten Studie des US-Handelsministeriums, die sich auf ein Solarturmkraftwerk mit einer Leistung von 100 MW$_{el}$ bezieht, reicht schon ein Wert von SM 1,8, um mit Hilfe des integrierten Speichers 5–6 Stunden Vollastbetrieb zu erreichen.

Die Auslegung der Speicher innerhalb eines Solarturmkraftwerks ist von der Jahreszeit des Auslegungspunktes abhängig. In Abbildung 4.24 sind die thermische Leistung und die dadurch mögliche Betriebszeit in Abhängigkeit von der Jahreszeit und dem Solarvielfachen aufgetragen. Ebenfalls ist die „überschüssige" Energie dargestellt, die an den Speicher übergeben und nach Sonnenuntergang wieder an den Kreislauf übertragen wird.

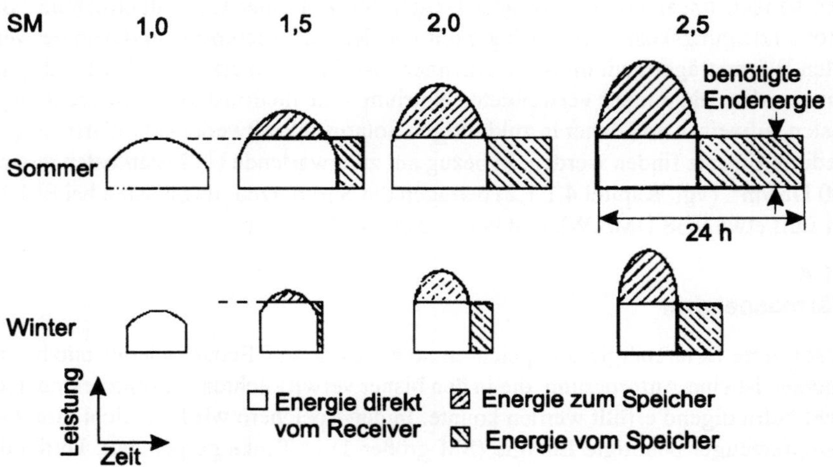

Abb. 4.24. Darstellung der möglichen Betriebszeit durch Speicher in Abhängigkeit von der Jahreszeit (Sommer oder Winter)

Im Sommer ist mit Hilfe eines Speichers und eines Solarvielfachen von SM = 2,5 theoretisch ein 24-h-Betrieb möglich. Im Winter ist mit dem gleichen Solarturmkraftwerk und Speicher nur ein 12-h-Betrieb realisierbar. Bei Auslegung auf einen 24-h-Betrieb im Winter ist der Speicher dementsprechend im Sommer bei hoher Solarstrahlung innerhalb kurzer Zeit gefüllt und damit unrentabel.

Bei den bisher gebauten Solarturmkraftwerken wurden verschiedene Speicherungssysteme verwendet. Eine Möglichkeit bestand darin, das in dem Solarturmkraftwerk eingesetzte Wärmeträgermedium in entsprechend dimensionierten Tanks zu lagern (IEA-SSPS-CRS [Natrium], Thémis und Solar Two [Salz]). Eine Alternative besteht in der Verwendung eines speziellen Speichermediums, wie es in der EURELIOS-, der SUNSHINE- und der CESA-1-Anlage mit Hilfe von in Tanks gespeicherten Salzschmelzen geschehen ist.

Die Speicherung in festen Werkstoffen stellt die dritte Möglichkeit zur Wärmespeicherung innerhalb des Solarturmkraftwerkes dar. Hierbei fanden bisher zwei verschiedene Materialien Anwendung. Zum einem wurde die Speicherung in einem Gemisch von Öl und Stein (Solar-One-Anlage) untersucht. Hierbei wird der als Wärmeträgermedium verwendete, auf 516 °C erhitzte Dampf durch das Öl/Gestein-Gemisch geleitet, wodurch sich dieses erwärmt. Bei Bedarf wird die Wärme durch Durchleitung kühleren Dampfs, der sich dabei erhitzt, wieder abgeführt. Die zweite Variante dieser Speichermöglichkeit, die Speicherung mit Keramikkugeln, ist die modernste Entwicklung auf dem Gebiet der Speichertechnologie. Diese Speichervariante ist für die Verwendung in Solarturmkraftwerken mit volumetrischem

Receiver entwickelt worden, sie wird bei dem PHOEBUS-Projekt eingesetzt. Bei dieser Variante werden die Keramikkugeln (Durchmesser 10 mm), die eine hohe Wärmekapazität besitzen, durch die Umströmung mit heißer Luft erwärmt und bei Bedarf durch die Zufuhr kalter wieder gekühlt. Eine schematische Darstellung des 250-MWh$_{th}$-Keramikspeichers des PHOEBUS-Projektes zeigt Abbildung 4.25.

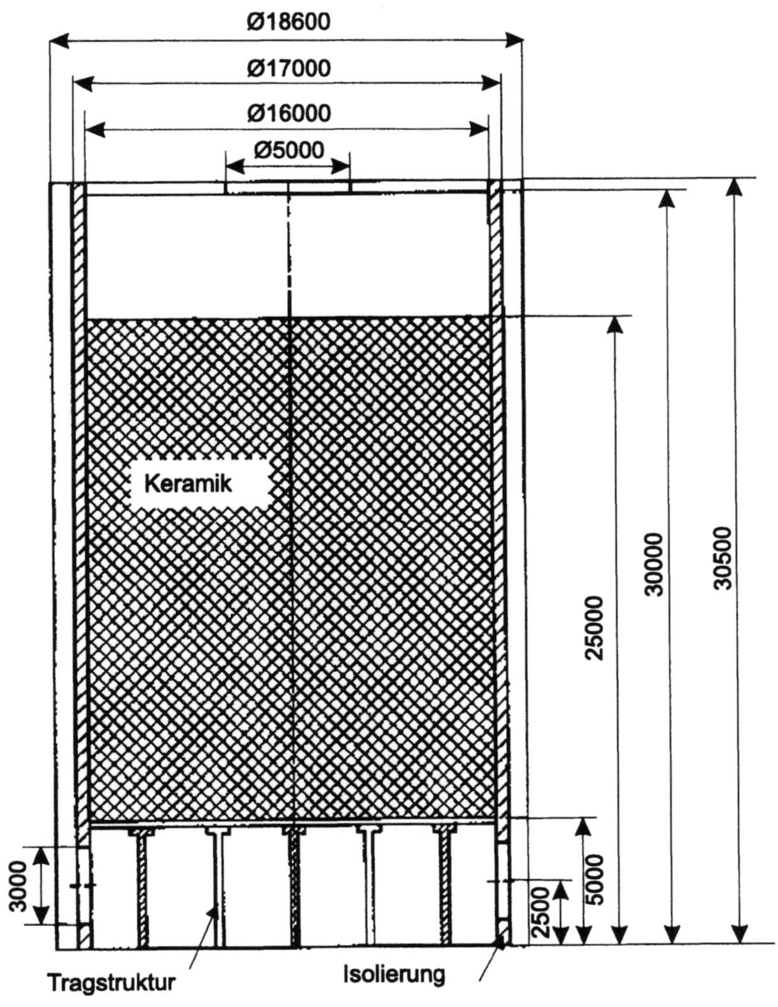

Abb. 4.25. 250-MWh$_{th}$-PHOEBUS Speichersystem (Keramikkugeln)

Bei Verwendung eines optimalen Speichersystems weisen Solarturmkraftwerke mit Speicher durch eine Verminderung der fossilen Zusatzfeuerung geringere Stromgestehungskosten als die Solarturmkraftwerke ohne entsprechende Speicher (vgl. Kapitel 4.1.3.2) auf.

Die optimale Speicherkapazität eines Solarturmkraftwerkes hängt von dem geplanten Lastkonzept (Mittel- oder Spitzenlast) der Anlage und den spezifischen Speicherkapazitäten ab.

4.2
Ausgeführte Solarturmkraftwerke

Infolge der starken Ölpreissteigerung wurden, wie Tabelle 4.5 zeigt Anfang der achtziger Jahre insgesamt sieben Solarturmkraftwerke mit einer Leistung zwischen 500 kW_{el} und 10 MW_{el} in Spanien, Italien, Japan, Frankreich, den USA und Russland gebaut und getestet; keine dieser Anlagen ist heute mehr in Betrieb. Einige davon werden allerdings entweder als Testzentrum (IEA-SSPS-CRS) oder bei Beibehaltung einzelner Komponenten mit neuer Receivertechnologie umgebaut (Solar One –> Solar Two, CESA-1 –> PHOEBUS). Als Hauptgrund für das Ende der Projekte ist vor allem das Fehlen von Geldmitteln zu nennen, nachdem sich die Ölpreise wieder „normalisiert" haben. Die bereits gebauten und zur Zeit in der Testphase befindlichen Anlagen werden nachfolgend beschrieben .

Tabelle 4.5. Überblick über die gebauten Solarturmkraftwerke

Name	Ort/Land	Betriebs-beginn	Leistung [MW_{el}]	Wärmeträgermedium
SSPS	Almeria/Spanien	1981	0,5	Natrium
EURELIOS	Adrano/Italien	1981	1	Dampf
SUNSHINE	Niot Town/Japan	1981	1	Dampf
THÉMIS	Targasonne/Frankreich	1982	2-2,5	Salzschmelze
Solar One	Barstow/USA	1982	10	
CESA-1	Almeria/Spanien	1983	1	Dampf
SPP-5	Kertsch/Rußland	1985	5	
Solar Two	Barstow/USA	Projekt[a]*	10	Salzschmelze
PHOEBUS	Almeria/Spanien	Projekt[a]*	2,5	Luft

a. Betriebsbeginn mit Netzanbindung noch nicht erfaßt

4.2.1
IEA-SSPS-CRS (Almeria/Spanien)

Am 21. September 1981 wurde die 500-kW$_{el}$-SSPS-CRS-Anlage (SSPS-CRS = Small Solar Power System-Central Receiver System) als Teil des IEA-SSPS-Projektes in der Nähe der Stadt Tabernas in Südspanien (37,1 ° nördlicher Breite) errichtet. Am Bau bzw. der Fertigung der Anlage waren ursprünglich 9 Mitgliedsstaaten der IEA (International Energy Agency) (Österreich, Belgien, Schweiz, Deutschland, Griechenland, Italien, Spanien, Schweden und USA) beteiligt. Es war eine Demonstrationsanlage eines Solarturmkraftwerks mit flüssigem Natrium als Wärmeträgermedium. Das Ziel der Anlage war es, die Operationsbedingungen sowohl für die Solarkomponenten als auch für die komplette Anlage zu beobachten.

Zuerst wurde ein Hohlraumabsorber der Firmen Interatom (Entwicklung) und Sulzer (Konstruktion) mit einer Aperturfläche von 9,7 m^2 und einem Wirkungsgrad von 0,88 auf dem Turm installiert. In der Betriebszeit von 1981 bis April 1983 wurde dieser Receiver insgesamt 1885,4 Stunden betrieben.

Der zweite getestete Receiver war ein offener Absorber (Aperturfläche 8,32 m^2, Wirkungsgrad 0,72) der aus 5 einzelnen Modulen bestand. Dieser wurde von SNAMPROGETTI entwickelt und von der Franco-Tosi-Industriale gebaut.

Das als Nordfeld ausgerichtete Heliostatenfeld umfaßt 93 Heliostaten (Wirkungsgrad 0,85) mit einer Reflexionsfläche von jeweils 39,3 m^2. Das als Wärmeträgermedium verwendete Natrium erwärmt sich während eines Durchlaufs durch den Receiver von 270 °C auf 530 °C. Das auch als Speichermedium eingesetzte Natrium wurde in zwei Tanks gespeichert, die eine Speicherkapazität von 1,0 MW$_{el}$ aufwiesen. Eine Darstellung der in Betrieb befindlichen Anlage ist in Abbildung 4.26 aufgeführt.

Abb. 4.26. IEA-SSPS-CRS-Anlage Almeria/Spanien

Tabelle 4.6 faßt die resultierenden Konstruktionsdaten der Anlage zusammen.

Tabelle 4.6. Konstruktionsdaten des IEA-SSPS-CRS-Turmkraftwerkes in Almeria/Spanien

Standort (nördliche Breite)	37,1
Betriebszeitraum	1981-1986
Feldauslegung	Nordfeld
Heliostatflächen/Reflexionsoberfläche	3.655 m^2
Receiver-Wärmeübertragungsfluid	Natrium
Receiver-Wärmeübertragungsfluidtemperatur	530 °C
Speichermedium	Natrium
Speicherkapazität	1,0 MW$_{el}$
Receiverwirkungsgrad	Sulzer (Hohlraum) 0,88 Tosi (offen) 0,72
Heliostatenwirkungsgrad	0,85
Gesamtwirkungsgrad	0,16
Elektrische Leistung	500 kW$_{el}$

Der Testbetrieb endete 1986. Bedingt durch den bereits erwähnten Natriumbrand im Jahre 1986 mußten große Teile der Anlage wiederaufgebaut werden, wobei die Natriumkomponente entfernt wurde. Seit diesem Zeitpunkt dient die IEA-SSPS-CRS-Anlage als Standort für verschiedene Experimente (u.a. Receiver- und Spiegelentwicklungen der Firma SBP [Schlaich, Bergermann und Partner]).

Der nächste installierte und getestete Receiver dieser Phase war eine volumetrische Konstruktion der Firma Sulzer (875-mm-Durchmesser Mk II). Zwei Absorber wurden in der Zeit von August 1987 bis Juni 1988 getestet. Mit dem ersten, bestehend aus Maschendrahtringen, konnte bei einer Luftaustrittstemperatur von 780 °C eine Receivereffizienz von 80 % erreicht werden. Der zweite, bestehend aus aufgewickeltem Drahtgestrick, erzielte Wirkungsgrade von annähernd 80 % bei Luftaustrittstemperaturen von 650 °C–680 °C und über 85 % bei 550 °C.

Einige Tests wurden in den folgenden 8 Jahren mit den neu installierten volumetrischen Testreceivern durchgeführt. Der SANDIA-Keramik-Receiver mit poröser Oberfläche wurde in der 200-kW$_{th}$-Sulzer-Testreceiver-Vorrichtung getestet, wobei eine Wärmestromdichte von 824 kW/m^2 mit einer Luftaustrittstemperatur von 730 °C erreicht wurde. Andere Absorber, die getestet wurden, waren der DLR/CeramTec Keramikfolien-Receiver und der CATREC (**Cat**alyst carrier **Rec**eiver) im Jahre 1989, der DIDIER-Mix-Receiver bestehend aus Röhren und volumetrischem Keramik-Receiver sowie der Selektive Receiver der Ruhr-Universität Bochum. Im Moment wird ein keramischer Absorber der DLR (**D**eutsche **Forsch**ungsanstalt für **Luft- und Raumfahrt**) getestet.

4.2.2
EURELIOS (Adrano/Italien)

Mit finanzieller Unterstützung der Kommission der Europäischen Gemeinschaft wurde das 1-MW_{el}-EURELIOS-Solarturmkraftwerk (EURELIOS Namenskombination aus **Eur**opa und **Helios**) bei Adrano auf der italienischen Insel Sizilien (37,5° nördliche Breite) erbaut. Die Anlage wurde 1981 in Betrieb genommen. Das Heliostatenfeld (Wirkungsgrad 0,75) ist als Nordfeld ausgeführt. Die auf das Heliostatenfeld auftreffende Strahlungsleistung von 6,22 MW wird mit 2 unterschiedlichen Heliostatgrößen (70 Heliostaten à 52 m^2 und 112 Heliostaten à 23 m^2, Gesamtfläche der Heliostaten 6.216 m^2) konzentriert und auf einen Hohlraumabsorber reflektiert, der sich auf der Spitze des 55 m hohen Turms befindet. Der verwendete Hohlraumabsorber weist dabei einen Wirkungsgrad von 0,93 bei einer Aperturfläche von 15,9 m^2 und einer Strahlungsleistung von 4,67 MW auf. Der als Wärmeträgermedium verwendete Dampf erhitzt sich beim Durchlauf durch den Receiver von 36 °C auf 512 °C. Das Speichermedium, ein Gemisch aus Salzschmelze und Wasser, wird in einem Puffertank mit einer Speicherkapazität 0,36 MW_{el} gelagert. Unter Berücksichtigung eines thermoelektrischen Umwandlungswirkungsgrades von 0,23 ergibt sich ein Gesamtwirkungsgrad von 0,16. Die Gesamtkosten der Anlage betrugen, bezogen auf die Umrechnungskurse von 1980, 21 Mio. DM. 1983 stellte die EURELIOS-Anlage nach Abschluß der Testphase ihren Betrieb wegen fehlender Geldmittel ein. Tabelle 4.7 faßt einige Konstruktionsdaten der EURELIOS-Anlage zusammen.

Tabelle 4.7. Konstruktionsdaten der EURELIOS-Anlage bei Adrano/Italien

Standort (nördliche Breite)	37,5
Betriebszeitraum	1981-1983
Feldauslegung	Nordfeld
Heliostatflächen/Reflexionsoberfläche	6.216 m^2
Receiver-Wärmeübertragungsfluid	Dampf
Receiver-Wärmeübertragungsfluidtemperatur	512 °C
Speichermedium	Salzschmelze/Wasser
Speicherkapazität	0,36 MW_{el}
Receiverwirkungsgrad	(Hohlraum) 0,93
Heliostatenfeldwirkungsgrad	0,75
Gesamtwirkungsgrad	0,16
Elektrische Leistung	1 MW_{el}

Abbildung 4.27 zeigt eine Darstellung der beschriebenen EURELIOS-Anlage.

Abb. 4.27. EURELIOS, Adrano/Italien

4.2.3
SUNSHINE (Nio Town/Japan)

Die im Rahmen des „SUNSHINE"-Projektes in Nio Town/Japan (34,2 ° nördlicher Breite) gebaute Solarturmanlage wurde 1981 in Betrieb genommen. Die Anlage war für eine Nennleistung von 1,0 MW_{el} ausgelegt. Das als umlaufendes Feld ausgelegte Heliostatenfeld (Wirkungsgrad 0,75) besteht aus 807 Heliostaten mit einer Reflexionsfläche von jeweils 16 m^2, so daß eine gesamte reflektierende Fläche von 6216 m^2 entsteht. Durch diesen Aufbau wurde ein offener Receiver verwendet, der bei einer Aperturfläche von 15,4 m^2 und einem Wirkungsgrad von 0,91 bei einer Strahlungsleistung von 5 MW mit Dampf als Wärmeträgermedium eingesetzt wurde. Dieser erhitzte sich bei einem Durchlauf durch den Receiver von 38 °C auf 512 °C. Als Speichermedium war -wie bei der EURELIOS-Anlage- ein Gemisch aus Salz und Wasser in Gebrauch, welches in einem Puffertank gespeichert wurde. Es ergab sich bei diesen Bedingungen unter Berücksichtigung eines thermoelektrischen Wirkungsgrades der Energieumwandlung von 0,23 ein Gesamtwirkungsgrad von 0,18.

In Tabelle 4.7 sind die wichtigsten Konstruktionsdaten zusammenfassend dargestellt.

Tabelle 4.8. Konstruktionsdaten des SUNSHINE-Projektes, Nio Town/Japan

Standort (nördliche Breite)	34,2
Betriebszeitraum	1981-1985
Feldauslegung	umlaufendes Feld
Heliostatflächen/Reflexionsoberfläche	6.216 m^2
Receiver-Wärmeübertragungsfluid	Dampf
Receiver-Wärmeübertragungsfluidtemperatur	512 °C
Speichermedium	Salzschmelze/Wasser
Speicherkapazität	k.A.
Receiverwirkungsgrad	(offen) 0,78
Heliostatenfeldwirkungsgrad	0,75
Gesamtwirkungsgrad	0,18
Elektrische Leistung	1 MW_{el}

Abbildung 4.28 zeigt eine Darstellung der „SUNSHINE"-Anlage.

Abb. 4.28. SUNSHINE-Projekt Nio Town, Japan

4.2.4
Thémis (Targasonne/Frankreich)

Das 2–2,5 MW$_{el}$-Thémis-Solarturmkraftwerk wurde in den französischen Pyrenäen (42,5° nördlicher Breite) erbaut und begann im Jahre 1982 seinen netzgebundenen Betrieb. Die Solarstrahlung wird durch 201 Heliostaten, als Nordfeld angeordnet, mit je 53,7 m^2 Reflexionsfläche (Wirkungsgrad 0,87) auf einen mit Salzschmelze als Wärmeträgermedium betriebenen Hohlraumabsorber (Wirkungsgrad 0,88 bei einer Aperturfläche von 16,0 m^2) reflektiert. Die Austrittstemperatur der Salzschmelze aus dem Reciver beträgt 450 °C, wobei zu beachten ist, daß die Eintrittstemperatur der Salzschmelze schon 252 °C beträgt. Die Salzschmelze wird in der Thémis-Anlage sowohl als Wärmeträger- als auch als Speichermedium verwendet. Die durch den Anlagenbetrieb gewonnenen Daten und Ergebnisse fließen nun in das Solar-Two-Projekt ein, da die Thémis-Anlage Ende der achtziger Jahre nach ca. 300 Betriebsstunden und intensiven Tests trotz des für ein Solarturmkraftwerks hohen Wirkungsgrades von 0,20 aufgrund einer fehlenden Weiterfinanzierung geschlossen wurde.

Abbildung 4.29 zeigt ein Bild der Thémis-Anlage, die Konstruktionsdaten sind in Tabelle 4.7 zusammengestellt.

Tabelle 4.9. Konstruktionsdaten der Thémis-Anlage in Targasonne/Frankreich

Standort (nördliche Breite)	42,5
Betriebszeitraum	1982-1989
Feldauslegung	Nordfeld
Heliostatflächen/Reflexionsoberfläche	10.794 m^2
Receiver-Wärmeübertragungsfluid	Salzschmelze
Receiver-Wärmeübertragungsfluidtemperatur	450 °C
Speichermedium	Salzschmelze
Speicherkapazität	15 MW$_{el}$
Receiverwirkungsgrad	(Hohlraum) 0,88
Heliostatenfeldwirkungsgrad	0,87
Gesamtwirkungsgrad	0,20
Elektrische Leistung	2-2,5 MW$_{el}$

Abb. 4.29. Thémis-Anlage, Targasonne/Frankreich

4.2.5
Solar-One-Anlage (Barstow/Kalifornien/USA)

Die Solar-One-Anlage mit einer Leistung von 10 MW_{el} ist das bislang größte gebaute Solarturmkraftwerk (vgl. Abbildung 4.30). In einer Kooperation zwischen der amerikanischen Regierung, öffentlichen Versorgungsbetrieben und der privaten Industrie wurde die Anlage in der Mojavewüste (34,9° nördlicher Breite) gebaut. Die Solar-One-Anlage speiste von April 1982–1988 die erzeugte elektrische Energie in das Netz der SCE-Stromversorgungsgesellschaft (Southern California Edison) ein. Das umlaufende Heliostatenfeld enthält 1.818 Heliostaten mit einer Reflexionsfläche von je 39,3 m^2 und einem Wirkungsgrad von 0,63. Die Heliostaten reflektieren die Solarstrahlung auf einen offenen Dampfreceiver (Wirkungsgrad 0,84), der auf der Spitze eines 80 m hohen Turms angeordnet ist. Durch Umwandlung der Strahlungsleistung von 41,1 MW im Receiver wird der Dampf bei Durchlauf durch die Aperturfläche von 302 m^2 von 203 °C auf 516 °C erwärmt. Bei der Solar-One-Anlage wird ein Öl/Gestein-Speicher mit einer Leistung von 28 MW_{el} eingesetzt.

Die Anlage wies zwei Nachteile auf. Zum einen war der Receiver direkt an die Turbine gekoppelt, womit ein Abfall der Turbinenleistung bei jedem Wolkendurchzug verbunden war. Zum anderen besaß der in einem Parallelkreislauf angeschlossene Speicher wegen thermodynamischer Verluste einen schlechten Wirkungsgrad, so daß nur Dampf mit niedrigem Druck- und Temperaturniveau entladen werden konnte, woraus auch der geringe Gesamtwirkungsgrad von 0,13 resultierte. Nach sechs Jahren erfolgreichen Betriebes war die Erprobungsphase abgeschlossen und die Anlage wurde zu der Solar-Two-Anlage umgebaut.

Abb. 4.30. Solar-One-Anlage, Barstow/Kalifornien/USA

Tabelle 4.7 faßt die wichtigsten Konstruktionsdaten der Solar-One-Anlage zusammen.

Tabelle 4.10. Konstruktionsdaten der Solar-One-Anlage in Barstow/Kalifornien/USA

Standort (nördliche Breite)	34,9
Betriebszeitraum	1982-1988
Feldauslegung	umlaufendes Feld
Heliostatflächen/Reflexionsoberfläche	$71.447 \, \mathrm{m}^2$
Receiver-Wärmeübertragungsfluid	Dampf
Receiver-Wärmeübertragungsfluidtemperatur	516 °C
Speichermedium	Öl/Gestein
Speicherkapazität	$28 \, \mathrm{MW_{el}}$
Receiverwirkungsgrad	(offen) 0,78
Heliostatenfeldwirkungsgrad	0,63
Gesamtwirkungsgrad	0,15
Elektrische Leistung	$10 \, \mathrm{MW_{el}}$

4.2.6
CESA-1 (Almeria/Spanien)

Die 1-MW_{el}-CESA-1-Anlage (CESA-1 = Central-European-Solar-Area-1) wurde auf der PSA (37,1° nördlicher Breite) errichtet und 1983 in Betrieb genommen (vgl. Abbildung 4.31). Das Heliostatenfeld (Nordfeld) umfaßt 300 Heliostaten mit einer Reflexionsfläche von je 39,6 m^2. Die so entstandene Gesamtheliostatenfläche von 11.880 m^2 konzentriert die einfallende Strahlungsleistung von 7,98 MW mit einem Wirkungsgrad von 0,62 auf den mit Dampf als Wärmeträgermedium betriebenen Hohlraumabsorber, der sich auf der Spitze des 60 m hohen Turm befindet. Der Dampf erhitzt sich, unter Berücksichtigung des Receiverwirkungsgrades von 0,91, von 190 °C auf 520 °C bei 100 bar während des Durchlaufs durch die Aperturfläche von 11,56 m^2 des Receivers. Das als Speichermedium verwendete Salz wurde in zwei Tanks mit einer Leistung von 3,5 MW_{el} gespeichert. Die CESA-1-Anlage erreichte einen Gesamtwirkungsgrad von 0,13. Dabei ist ein thermoelektrischer Umwandlungswirkungsgrad von 0,22 bereits berücksichtigt. Die Gesamtkosten der Anlage betrugen, bezogen auf die Preisbasis von 1980, 45 Mio. DM.

Abb. 4.31. CESA-1 Anlage in Almeria/Spanien

Die wesentlichen Konstruktionsdaten der CESA-1-Anlage sind in Tabelle 4.7 zusammengefaßt.

Tabelle 4.11. Konstruktionsdaten der CESA -1-Anlage in Almeria/Spanien

Standort (nördliche Breite)	37,1
Betriebszeitraum	1983-1984
Feldauslegung	Nordfeld
Heliostatflächen/Reflexionsoberfläche	11.880 m^2
Receiver-Wärmeübertragungsfluid	Dampf
Receiver-Wärmeübertragungsfluidtemperatur	520 °C
Speichermedium	Salzschmelze
Speicherkapazität	3,25 MW$_{el}$
Receiverwirkungsgrad	(Hohlraum) 0,91
Heliostatenfeldwirkungsgrad	0,62
Gesamtwirkungsgrad	0,13
Elektrische Leistung	1 MW$_{el}$

Nach Ablauf der ersten Testphase Ende 1984 wurde der Dampfreceiver demontiert. Seit 1985 wird die Anlage im Rahmen eines deutsch/spanischen-Gemeinschaftsprojektes der CIEMAT (Centro de Investigaciones Energéticas Medioambientales y Tecnológicas) und der DLR genutzt, um Hochtemperaturreceiver zu untersuchen. Wesentliche Experimente der letzten 10 Jahre waren:

- Innerhalb des GAST-Projektes (Asinel, Interatom, MAN und MBB), unterstützt von der spanischen und deutschen Industrie, wurde die Anlage in der Zeit von 1985–1989 in eine Testplattform für ein luftgekühltes Luftreceivermodul umgewandelt und diente zur Qualifizierung eines leichtgewichtigen Heliostaten mit hoher optischer Qualität. Der Röhrenreceiver erwärmte Luft mit einem Druck von 9 bar auf 1.000 °C.
- Im Jahre 1989 wurden Materialexperimente für die Entwicklung eines nicht rauhen Hitzeschutzsschildes für das HERMES-Raumfahrt-Programm, unter Schirmherschaft der Europäischen-Raumfahrt-Gesellschaft, auf der niedrigsten der 5 Turmplattformen durchgeführt.
- Im Jahre 1980 wurde das ASTERIX-Experiment (Advanced **ST**Eam **R**eforming **I**n heat e**X**change) auf der höchsten der 5 Plattformen aufgebaut, um die solarthermische Methandampf-Umwandlung für die Produktion von Synthesegas, ein für die Industrie wichtiger chemischer Prozeß, zu demonstrieren. Für dieses Vorhaben wurden die Anlagenteile des GAST-Programmes, welche die heiße Luft lieferten, verwendet, um den Dampfumformer anzutreiben.
- Für weitere HERMES-Materialexperimente wurde der ehemalige Wasser/Dampf-Receiver der CESA-1-Anlage auf der Höhe von 60 m komplett abgebaut, um eine neue Plattform zu erhalten. Von 1991–1993 wurde im Rahmen des HERMES-Projektes eine Simulation des Eintritts in die Erdatmosphäre des HERMES-Space-Shuttles unter realistischen Wiedereintrittsbedingungen erprobt.
- Im Jahre 1992 wurden das Asterix- und große Teile des GAST-Programmes entfernt, um genug Platz für das 2,5-MW$_{th}$-PHOEBUS-TSA-Projekt zur Verfügung zu stellen (vgl. Kapitel 4.2.9).

In Abbildung 4.32 ist der Turm der CESA-1-Anlage mit den dazugehörigen Plattformen schematisch dargestellt.

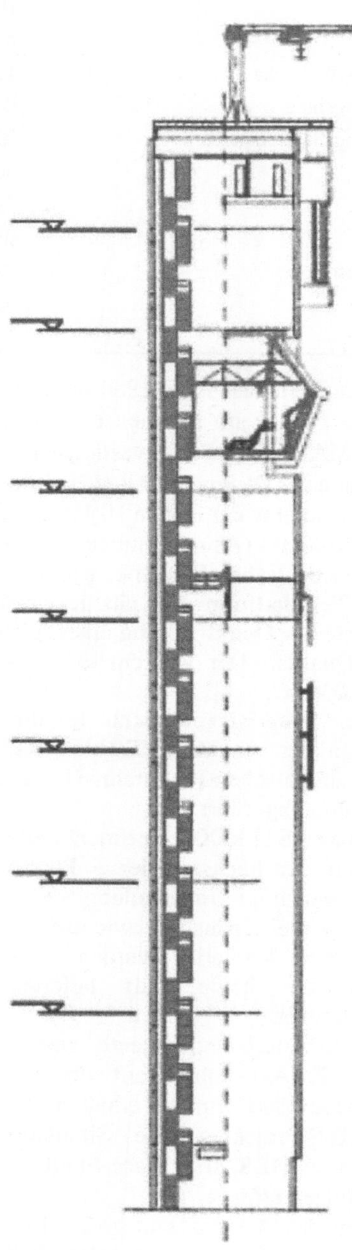

Abb. 4.32. Darstellung des Turms der CESA-1-Anlage

4.2.7
SPP-5 (Kertsch/Rußland)

Das erste russische Solarturmkraftwerk SPP-5 wurde in der Nähe der Siedlung Shchelkino auf der Krim (45° nördlicher Breite) errichtet. Die Projektentwicklung und –errichtung begann infolge einer Entscheidung des Ministers für Strom und Elektrizität der ehemaligen UdSSR im Jahre 1978. Nach Teilsystemtests wurde die Anlage im September 1985 an das „Crimergo"-Netz angebunden. Betriebsbeginn war 1986. Das Heliostatenfeld (1.600 Heliostateinheiten mit je 25 m^2 Reflexionsfläche) ist als umlaufendes Feld in 20 Kreisreihen bei einem Wirkungsgrad von 0,73 angeordnet. Der offene Receiver wurde mit Dampf als Wärmeträgermedium betrieben, wobei Temperaturen von 516 °C erreicht wurden. Der Dampf wurde auch als Speichermedium verwendet, wobei der über den Leistungsbedarf der Anlage erhitzte Dampf in unter Druck gesetzten Kesseln gespeichert wurde (vgl. Kapitel 4.1.4.1). Abbildung 4.33 zeigt eine Darstellung der Anlage, Tabelle 4.7 gibt die wichtigsten Konstruktionsdaten wieder.

Abb. 4.33. SPP-5, Shchelkino/Ukraine

Tabelle 4.12. Konstruktionsdaten SPP-5-Anlage in Kertsch/Rußland

Standort (nördliche Breite)	45,0
Betriebszeitraum	1985-1989
Feldauslegung	Nordfeld
Heliostatflächen/Reflexionsoberfläche	40.000 m^2
Receiver-Wärmeübertragungsfluid	Dampf
Receiver-Wärmeübertragungsfluidtemperatur	516 °C
Speichermedium	Wasser/Dampf
Speicherkapazität	k.A.
Receiverwirkungsgrad	(offen) 0,76
Heliostatenfeldwirkungsgrad	0,73
Gesamtwirkungsgrad	0,13
Elektrische Leistung	5 MW$_{el}$

Neben diesen realisierten Projekten befinden sich momentan – wie bereits erwähnt – 2 Projekte in der Erprobungsphase, das Solar-Two- und das PHOEBUS-Projekt, welche nachfolgend ausführlicher beschrieben werden.

4.2.8
Solar-Two-Anlage (Barstow/Kalifornien/USA)

Ein Konsortium aus Versorgungsunternehmen der USA unter der Leitung der SCE fördert ein Kooperationsprojekt mit dem DOE (US-Department Of Energy), den SNL und Industriebetrieben mit dem Ziel, das Solar-One-Turmkraftwerk in ein Solarturmkraftwerk mit Salzschmelze (60 % Natriumnitrat, 40 % Kaliumnitrat) als Wärmeträgermedium umzurüsten. Dieser Umbau war in 6 Phasen (Systementwicklung, Angebotsauswertung, Endkonstruktion, Fertigung, Aufbau und Betriebsbeginn) unterteilt. Projektbeginn war im Januar 1993, Mitte 1996 ging die Anlage in Betrieb. Bis zum Jahre 1999 soll die Anlage unter dem Konsortium der Kooperationsteilnehmer im Testbetrieb arbeiten, um im Anschluß für geplante 30 Jahre der wirtschaftlichen Stromversorgung der Umgebung zur Verfügung zu stehen. Die Gesamtkosten der Anlage von 48,5 Mio. US$ werden jeweils zur Hälfte von der DOE und den anderen Projektteilnehmern finanziert.

Die Solar-Two-Anlage basiert aus Kostengründen auf den Komponenten der ehemaligen Solar-One-Anlage (Turm, Heliostatenfeld, konventionelles Stromerzeugungssystem), da das primäre Ziel des Solar-Two-Projektes in der Weiterentwicklung der Nitrat-Salzschmelzen-Technologie liegt.

Zusätzlich zu den 1.818 Heliostaten à 39,3 m^2 der Solar-One-Anlage werden 108 „neue" Heliostaten à 95 m^2 installiert, so daß sich eine Gesamtfläche der Heliostaten von 81.437 m^2 ergibt. Da die neuen Heliostaten unter ökonomischen Gesichtspunkten ausgewählt wurden, sind sie für den Receiver überdimensioniert, so daß ein Teil der reflektierten Strahlen die Receiveroberfläche verfehlt. Ebenfalls weisen die „alten" Heliostaten Korrosionserscheinungen auf. Diese Bedingungen bewirken, daß sich ein Wirkungsgrad des Heliostatenfeldes von lediglich 0,58 ergibt.

Der Wasser/Dampf-Receiver der Solar-One-Anlage wird durch einen offenen, zylindrischen Nitrat-Salz-Receiver mit einer thermischen Leistung von 43 MW_{th} ersetzt. Der neue Receiver weist einen Durchmesser von 5,1 m, eine Höhe von 6,2 m und damit eine Aperturfläche von 120 m^2 auf. Der Absorber ist in der Höhe in 24 Teile unterteilt, wobei jedes Feld aus 32 Röhren besteht. Die Röhren, gefertigt aus rostfreiem Stahl, besitzen einen Innendurchmesser von ca. 2 cm und eine Wanddicke von etwa 0,1 cm.

Die als Wärmeträgermedium verwendete Salzschmelze tritt in den Receiver mit 285 °C ein, fließt durch die auf der Oberfläche aufgebrachten Rohre und wird dort durch Absorption der auftreffenden Solarstrahlung auf 565 °C erwärmt.

Innerhalb des Solar-Two-Projektes wird der Öl/Gestein-Speicher der Solar-One-Anlage durch 2 Salzspeichertanks ersetzt. In dem als Heißtank bezeichneten Speicher (Material: rostfreier Stahl, Innendurchmesser 11,6 m, Höhe 8,4 m) wird das erwärmte Wärmeträgermedium bis zum Bedarfsfall gespeichert. Das abgekühlte Medium wird im sogenannten Kaltspeicher (Material: Karbonstahl, Innendurchmesser 4,3 m, Höhe 2,9 m) gelagert. In der Gesamtanlage werden etwa 1.600 t Salzschmelze verwendet.

Beim Aufbau der Solar-Two-Anlage wurde ebenfalls ein neues Regelungssystem hinzugefügt, welches dazu dient, die beim Bau der Solar-Two-Anlage hinzugefügten Komponenten in das vorhandene Kontrollsystem der Solar-One-Anlage zu integrieren. Tabelle 4.13 zeigt eine Zusammenfassung der wichtigsten Parameter der Anlage.

Tabelle 4.13. Konstruktionsdaten der Solar-Two-Anlage in Barstow/Kalifornien/USA

Standort (nördliche Breite)	34,9
Betriebszeitraum	1996 (noch in Projektphase)
Feldauslegung	umlaufendes Feld
Heliostatflächen/Reflexionsoberfläche	81.437 m^2
Receiver-Wärmeübertragungsfluid	Salzschmelze
Receiver-Wärmeübertragungsfluidtemperatur	565 °C
Speichermedium	Salzschmelze
Speicherkapazität	7 MWh_{th}
Receiverwirkungsgrad	(offen) 0,81
Heliostatenfeldwirkungsgrad	0,58
Gesamtwirkungsgrad	0,13
Elektrische Leistung	10 MW_{el}

4.2.9
PHOEBUS (Manzaranes/Spanien)

PHOEBUS ist der Projektname für ein Solarturmkraftwerk und gleichzeitig Synonym für die erstmalige Verwendung eines volumetrischen Absorbers in einer ausgeführten Anlage.

Seit 1986 arbeiten Firmen und Forschungsinstitute aus Europa und den USA im PHOEBUS-Projekt zusammen. Im Jahre 1987/88 wurde ein volumetrischer Receiver mit einer Leistung von 200 kW_{th} auf dem ehemaligen Gebiet der CESA-1-Anlage auf der PSA in Manzarenas/Spanien errichtet und versuchstechnisch erprobt. Sowohl das Heliostatenfeld als auch der Dampfkreislauf der CESA-1-Anlage werden zur Kostenreduktion innerhalb des PHOEBUS-Projektes verwendet. Es wird allerdings nicht das gesamte Feld von Heliostaten, sondern nur ein Teil mit 180 und einer Gesamtfläche von 7.128 m^2 genutzt. Die daraus resultierende Feldleistung beträgt 2,94 MW. Auf Basis der durchgeführten Versuche allein jedoch konnte das Upscaling auf eine großtechnische Demonstrationsanlage nicht vollzogen werden. Es wurde deshalb eine Zwischengröße von 2,5 MW_{th} ausgewählt, die im Rahmen des TSA-Forschungsvorhabens (TSA = Technology-Program-Solar-Air-Receiver) umgesetzt wurde. Die Firmen Fichtner, Didier und Steinmüller bauten zu diesem Zweck einen kompletten Versuchskreislauf mit Receiver, Dampferzeuger, thermischem Speicher und Anschlußkomponenten auf dem Gebiet der ehemaligen CESA-1-Anlage auf. Diese PHOEBUS-TSA-Anlage wurde 1993 in Betrieb genommen.

In Abbildung 4.34 ist die Systemkonfiguration des PHOEBUS-TSA-Projektes dargestellt.

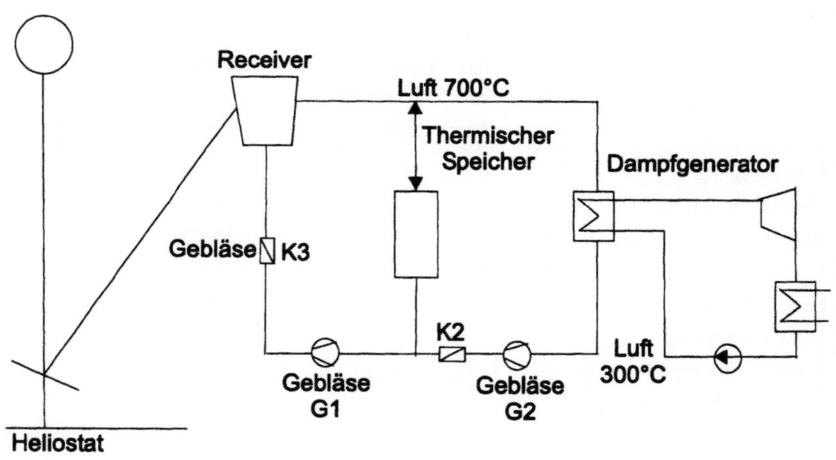

Abb. 4.34. Systemkonfiguration des PHOEBUS-TSA-Projektes

Der PHOEBUS-TSA-Kreislauf beinhaltet einen thermischen Speicher in Parallelschaltung zum Dampferzeuger. Bei dem Speichermedium des PHOEBUS-TSA-Projektes handelt es sich um Keramikkugeln, die von der heißen Luft umströmt werden und sich dadurch aufheizen. Bei Bedarf wird der Speicher mit kalter Luft durchströmt, wobei die Keramikkugeln die gespeicherte Wärme wieder abgeben.

Der gesamte Wärmeträgerkreislauf wird auf einem ca. 130 m hohen Turm angeordnet. Die Luft wird im Receiver auf 700 °C erwärmt. Das Gebläse G2 regelt den Luftdurchsatz des Dampferzeugers (max. 3,4 kg/s bei Druckerhöhung von 5.450 Pa). Mit Hilfe dieses Gebläses wird auch die Be- und Entladung des Speichers geregelt. Durch Variation der Drehzahl des Gebläses G1 wird die Temperatur am Receiverausgang auf 700 °C konstant gehalten (max. Luftdurchsatz: 4,09 kg/s bei Druckerhöhung von 4.500 Pa).

Die Prototypen-Tests des PHOEBUS-Projektes sind erfolgreich beendet worden, so daß ein Stadium der Marktreife für das Projekt angenommen werden kann. Die in der PHOEBUS-Anlage gewonnenen Erkenntnisse wurden als Grundlage für den Nachweis der technischen Durchführbarkeit und Finanzierbarkeit einer 30-MW_{el}-PHOEBUS-Anlage in Jordanien verwendet. Diese Anlage befindet sich momentan allerdings noch in der Planungsphase.

Tabelle 4.14. Konstruktionsdaten des PHOEBUS-TSA-Projekts

Standort (nördliche Breite)	37,1
Betriebszeitraum	1993 (noch in Projektphase)
Feldauslegung	Nordfeld
Heliostatflächen/Reflexionsoberfläche	7.128 m^2
Receiver-Wärmeübertragungsfluid	Luft
Receiver-Wärmeübertragungsfluidtemperatur	700-1000 °C
Speichermedium	Keramikkugeln
Speicherkapazität	7 MWh_{th}
Receiverwirkungsgrad	(volumetrisch) 0,73
Heliostatenfeldwirkungsgrad	0,85
Gesamtwirkungsgrad	0,27
Elektrische Leistung	2,5 MW_{el}

4.2.10
Zusammenfassung

In Tabelle 4.15 sind die Kenndaten der vorgestellten Anlagen nochmals zusammenfassend dargestellt.

Tabelle 2.9. Technische Daten von Solarturmkraftwerken

Anlage	SSPS-CRS	EURE-LIOS	SUN-SHINE	Thémis	Solar One	CESA-1	SPP-5	Solar Two	PHOEBUS
Speicher:									
Typ	2 Tanks	Buffer Tank	Buffer Tank	2 Tanks	1 Tank	2 Tanks	2 Kessel	1 Tank	Tank
Medium	Natrium	Salz/ Wasser	Salz/ Wasser	Salz	Öl	Salz	Dampf	Salz	Keramikkugeln
Kapazität [MW_{el}/MW_{th}]	1,00/-	0,36/-	k.A.	15,00/-	28,00/-	3,25/-	k.A.	-/7,00	-/250,00
Leistungen zum Entwurfszeipunkt:[MW]									
Strahlungsleitung auf Heliostafläche	3,34	6,22	6,59	11,17	65,30	7,98	36,82	87,51	9,53
Strahlungsleistung im Receiver	2,84/2,50	4,67	4,98	9,70	41,10	5,00	27,21	50,79	7,69
Thermische Leistung im Speicher bzw. Kreislauf	2,50	4,30	4,51	8,50	34,40	4,50	21,69	35,96	5,62
Elektrische Nettoleistung	0,50	1,00	1,00	2,30	10,00	1,00	5,00	10,00	2,50
Wirkungsgrade:									
Heliostatenfeld	0,85	0,75	0,75	0,87	0,63	0,62	0,73	0,58	0,85
Receiver	0,72/0,88	0,93	0,78	0,88	0,78	0,91	0,76	0,81	0,73
Thermoelektrisches-Umwandlungs-system	0,22	0,23	0,22	0,26	0,29	0,22	0,23	0,28	0,44
Gesamt-Wirkungsgrad	0,16	0,16	0,18	0,20	0,15	0,13	0,13	0,13	0,27

Tabelle 2.10. Technische Daten von Solarturmkraftwerken

Anlage	SSPS-CRS	EURE-LIOS	SUN-SHINE	Thémis	Solar One	CESA-1	SPP-5	Solar Two	PHOEBUS
Standort (nördliche Breite) [°]	37,10	37,50	34,20	42,50	34,90	37,10	45,00	34,90	37,10
Heliostaten: Auslegung	Nordfeld	Nordfeld	umlaufend	Nordfeld	umlaufend	Nordfeld	Nordfeld	umlaufend	Nordfeld
Anzahl	93	70+112	807	201	1818	300	1600	1818+108	180
Reflektierende Fläche je Heliostat [m²]	39,30	52,0/23,0	16,0	53,7	39,3	39,6	25,0	39,3 +95,0	39,6
Gesamte reflektierende Fläche [m²]	3655,00	6216,0	6216,0	10740,0	71447,0	11880,0	40000,0	81437,0	7128,0
Receiver: Typ	Hohlraum/offen	Hohlraum	offen	Hohlraum	offen	Hohlraum	offen	offen	volumetrisch
Aperturfläche [m²]	9,70/8,32	15,90	15,40	16,00	302,00	11,56	k.A.	120,00	252,00
Wärmeübertragungsmedium	Natrium	Dampf	Dampf	Salz	Dampf	Dampf	Dampf	Salz	Luft
Eintrittstemperatur [°C]	270,00	36,00	38,00	252,00	203	190,00	175,00	204,00	35,00
Austrittstemperatur [°C]	530,00	512,00	512,00	450,00	516,00	520,00	516,00	365,00	700,00-1000,00
Turmhöhe [m]	53,50	55,00	65,00	106,00	80,00	83,25	k.A.	80,00	130,00
Erstellungskosten [Mio.DM]	38	21	k.A.	45	80	350	k.A.	ca. 65	k.A.

4.3
Ausblick

Eine Studie der DLR zum Thema „Solarthermische Kraftwerke für den Mittelmeerraum" identifiziert im europäischen Mittelmeerraum ein für die Nutzung der solarthermischen Kraftwerke kurzfristig verfügbares Flächenpotential von 40.000 Quadratkilometern und ein langfristiges Potential von 95.000 Quadratkilometern. Im nordafrikanischen Mittelmeerraum beträgt das kurzfristige Potential 474.000 Quadratkilometer, das langfristige 768.000 Quadratkilometer. Allein auf dem südspanischen Festland sind kurzfristig 12.000 Quadratkilometer Landfläche für solarthermische Stromerzeugung geeignet. Außerdem soll bis zum Jahr 2000 eine Erdgaspipeline und eine Hochspannungs-Seeverbindung zwischen Südspanien und Nordafrika fertiggestellt sein, womit die Verbundnetze von Marokko, Tunesien und Algerien an das europäische Verbundnetz angebunden werden und neue Großkraftwerke beide Kontinente beliefern könnten. Innerhalb von Kooperationsprojekten ist in Folge dieser Hochspannungs-Seeverbindung auch die Nutzung von Solarturmkraftwerken im kommerziellen Maßstab möglich. Dazu sind allerdings noch Entwicklungen auf diesem Gebiet notwendig, die zu einer Kostenreduktion und damit zu niedrigeren Stromerzeugungskosten führen. Darüber hinaus sind einige Projekte in der Studienphase, in der ein Solarturmkraftwerk mit einem GuD-Kraftwerk gekoppelt werden soll (SOLGAS, SOLSTICE, REFOS, Kokhala und SOLREF).

Literatur

[1] T. B. Johansson et al (eds.): *Renewable Energy - Sources for Fuels and Electricity,* Island Press, 1993

[2] C.-J. Winter, R.L. Sizmann, L.L. Vant-Hull (Eds.): *Solar Power Plants,* Springer-Verlag, New York, 1991

[3] C. Ehrenberg: *Solarthermische Kraftwerke,* Informationsschriften der VDI GET, Teil VI Reihe Regenerative Energien - ISBN 3-931384-08-X

[4] H. Klaiß, F. Staiß: *Solarthermische Kraftwerke für den Mittelmeerraum,* Springer Verlag, 1992

[5] M. Geyer, F. Dinter, R. Tamme: *Thermal Energy Storage for Commercial Applications - A Feasibility Study on Economic Storage Systems,* ISBN 3-540-53054-1 / 0-387-53054-1, Springer Verlag 1991

[6] M. A. Badruddin, W. Bitterlich, F. Dinter, U. Schöne: *Abschlußbericht Modellierung thermischer Energiespeicher für Solarkraftwerke vom Typ SEGS und Phoebus,* Universität Essen GHS, Energie und Kraftwerkstechnik EKT

[7] *Phase-Change Thermal Energy Storage,* SERI/STR-250-3516, Solar Energy Research Institute, November 1989

[8] F. Lippke: *Simulation of the Part-Load Behavior of a 30MWe SEGS Plant,* SAND95-1293, sandia national Laboratories, DoE 1995

[9] M. Kiera, H. Wellmann, P. Wehowsky: *Erweiterung des Rechenprogramms SOLERGY für temperaturabhängige Speichersimulation,* Siemens/KWU und ZSW für DLR Stuttgart, 1992

[10] P. Nava, R. Aringhoff, P. Svoboda, D. Kearney: *Status Report on Solar Thermal Power Plants - Experience. Prospects and Recommendations to Overcome Market Barriers of Parabolic Trough Collector Power Plant technology,* Report by Pilkington Solar International, Jan.1996 ISBN 3-9804901-0-6

[11] M. Geyer, P. Nava, P. Svoboda, R. Aringhoff, D. Kearney: *Parabolic Troughs for Commercial Markets,* Seventh Int. Sympos. on Solar Thermal Concentrating Technologies, Sept. 26-30 1994, Moscow

[12] *Assessment of Solar Thermal Trough Power Plant Technology and its Transferability to the Mediterranean Region,* Report by Flachglas Solartechnik for the EC - DG I, Grupo Endesa, and CDER, Jun. 1994

[13]   P. Svoboda, P. Nava, D. Kearney: *Impact of Design Choices and Site Influences on Solar Thermal Electric Plant Economics and Performance*, ASME International Solar Energy Conference April 27-30, 1997, Washington DC

[14]   R. Aringhoff, P. Nava, P. Svoboda, O. Drücke, H. Klaiß, G. Hille, F. Staiß: *Konkrete Schritte zur Markteinführung solarthermischer Kraftwerke - Machbarkeitsuntersuchungen und Standortanalysen für Spanien und Marokko*, Internationales Sonnenforum der DGS, Stuttgart, 28 Juni -1 Juli 1994

[15]   W.-D. Steinmann: *Untersuchung von Konzepten solar und fossilbefeuerter Hybridkraftwerke*, Institut für Technische Thermodynamik, DLR, 1994

[16]   P. Svoboda: *A Solar Boiler for a 100 MW Integrated Solar Combined Cycle System*, Seventh Sede Boquer Symposium on Solar Electricity Production, Sde Boquer, ISRAEL, 18-20 March 1996

[17]   M. Geyer, R. Aringhoff, P. Nava, P. Svoboda, D. Kearney: *Boosting Combined Cycles with Parabolic Trough Technology*, ASME/JSME/JSES International Solar Energy Conference, Maui, HI, March 19-24, 1995

[18]   M. Geyer, P. Nava, P. Svoboda, D. Kearney: *Integrating Solar Thermal Technology in Hybrid Solar Combined Cycles*, ASME/JSME/JSES International Solar Energy Conference, Maui, HI, March 19-24, 1995

[19]   *Prefeasibility Study Solar Thermal Power Plant for Northern Morocco (E) Etude de Pré-Faisabilié Centrale Thermo-Solaire au Nord du Maroc (F)*, Report for the EC - DGI, by Pilkington Int., INITEC, CDER, Nov.1997

[20]   *Intergration of Utility-scale Solar Thermal Power Plants into Regional Electricity Supply Structures*, Pilkington Solar, Ciemat, OANAK, Solel, Ben Gurion University, Final Report for EC-DGXII, Joule III Project No. JOR3-CT95-0023, March 1998

[21]   T. Reetz, S. Roewer, H. Lehmann, Ch. Liedtke: *Ökologische Chancen und Risiken großtechnisch angelegter solarthermischer Kraftwerke*, Wuppertal Institut für Klima, Energie und Umwelt, i.A. der BMW Ag.

[22]   K.-W. Otto: *Regenerative Kraftwerke aus der Sicht der deutschen Stromwirtschaft*, Solarthermische Kraftwerke II, VDI Berichte 1200, 1995

[23]   P. Voigtländer: *Marktpotential für fossil befeuerte Kraftwerke in Kopplung mit Solarthermie*, Solarthermische Kraftwerke II, VDI Berichte 1200, 1995

[24]   M. Kleinhans: *Rechnerischer Vergleich der solarthermischen Stromerzeugung im Grundlastbetrieb mit der in einem fossil befeuerten Kraftwerk bezüglich CO_2-Emissionen und der Stromgestehungskosten (Standort Marokko)*, Diplomarbeit F.H. Köln, FB Versorgungstechnik

[25]   P. Svoboda, P. Nava, D. Kearney: *Integration of Solar Thermal Power Plants Into Regional Utility Supply Structure*, , 8th Symposium on Solar Thermal Concentrating Technologies, October 1996, Cologne

[26]   M. Lotker: *Barriers to Commercialization of Large-Scale Solar Electricity: Lessons Learned from the Luz Experience*, Sandia National Laboratories, SAND91-7014, Albuquerque, November, 1991

[27]   *SCE Standard Agreement Firm Power Purchase; (SO#2 Contracts)*, N.N. Southern California Edison

[28]   M. Lotker: *Market Assessment Trough Collector Systems*, Progress in Solar Energy Technologies and Applications, ASME, 1993

[29]   *Neue Produktionsrekorde in Kramer Junction*, Pilkington Solar International, Pressemitteilung Juli 1997

[30]   G. Cohen, D. Kearney: *Improved Parabolic Trough Solar Electric Systems based on the SEGS Experience*, Proceedings of Annual Conference of the American Solar Energy Society, Solar 94, Juni 1994

[31]   H.W. Price, P. Svoboda, D. Kearney: *Validation of the FLAGSOL Parabolic Trough Solar Power Plant Performance Model*, ASME/JSME/JSES International Solar Energy Conference, Maui, HI, March 19-24, 1995

[32]   T.A. Cerni, H. Price: *Solar Forecasting for Operational Support of SEGS Plants*, ASME International Solar Energy Conference April 27-30, 1997, Washington DC

[33]   Becker/Hennecke: *FuE für die Rinne*, Solarthermische Kraftwerke II, VDI Berichte 1200, 1995

[34]   K. Laufs: *Wärmebilanz und Druckverlust für die solare Direktverdampfung bei unterschiedlichen Konzepten*, SIEMENS Technischer Bericht S552/92/35, 1992

[35]   F. Lippke: *Numerische Simulation der Absorberdynamik von Parabolrinnen-Solarkraftwerken mit direkter Dampferzeugung*, VDI Fortschrittsberichte, Reihe 6: Energieerzeugung No. 307, 1994 ISBN 3-18-330706-5

[36]   *Solar Thermal Electricity in the Mediterranean*, Union Fenosa, Iberdrola, Pilkington Solar, Ciemat, Intecsa, Siemens, DLR, Solel, UNIST, ULPFinal Report, EU Contract APAS RENA CT94014, June 1997

[37]   P. Svoboda, E. Dagan, G. Kenan: *Comparison of Direct Steam Generation vs. HTF Technology for Parabolic Trough Solar Power Plants - Performance and Cost*, ASME International Solar Energy Conference April 27-30, 1997, Washington DC

[38]   B. Hillebrand: *Stromerzeugungskosten neu zu errichtender konventioneller Kraftwerke*, RWI Papiere, Nr. 47, Rheinisch-Westfälisches Institut für Wirtschaftsforschung, 1997

[39]   International Energy Agency: *Guidelines for the Economic Analysis of Renewable Energy Technology Applications*, Workshop on the Economic Analysis of Renewable Energy Technologies, Chateau Montebello, Quebec Canada

[40]   P. Nava, D. Kearney, P. Svoboda: *Assessment of Performance and Economics of Parabolic Trough Solar Electric Systems for Selected Mediterranean Countries*, International Conference on Comparative Assessments of Solar Power Technologies, Moriah Hotel, Jerusalem, February 14-16, 1994

[41]   W. Beitz, K.H. Küttner: *Dubbel - Taschenbuch für den Maschinenbau*, Springer-Verlag, Berlin/Heidelberg, 1990

[42]   M. Becker, B. Gupta, W. Meinecke, M. Bohn: *Solar Energy Concentrating Sytems - Applications and Technologies*, C.F. Müller Verlag, 1994

[43]   M. Becker:*Weiterentwicklung der solarthermischen Energieanlagentechnik*, Solarthermische Kraftwerke zur Wärme- und Stromerzeugung, Tagung in Köln 1988, VDI-Berichte 704, VDI-Verlag, Düsseldorf, 1988

[44]   C.J. Winter, R.L. Sizmann, L.L. Vant-Hull: *Solar Power Plants*, Springer-Verlag, Berlin/Heidelberg, 1991

[45]   G. Eisenbeiß: *Unsere solare Zukunft - Solarkraftwerke für die globale Strategie*, Solarthermische Kraftwerke II, Tagung im Oktober 1995 in Stuttgart, VDI-Berichte 1200, VDI-Verlag, Düsseldorf, 1995

[46]   W. Schiel: *Dish/Stirling Syteme*, Solarthermische Kraftwerke II, Tagung im Oktober 1995 in Stuttgart, VDI-Berichte 1200, VDI-Verlag, Düsseldorf, 1995

[47]   *Stirling-Motoren*, BINE Projekt Info-Service, Bonn, 1993

[48]   H. Klaiß, F. Staiß: *Systemvergleich und Potential von solarthermischen Anlagen im Mittelmeerraum*, Deutsche Forschungsanstalt für Luft- und Raumfahrt (DLR), Stuttgart, 1991

[49]   J. Nitsch, H. Dienhart, F. Staiß, F. Trieb: *Dezentrale Stromversorgung mit Solarenergie im Vergleich*, Solarthermische Kraftwerke II, Tagung im Oktober 1995 in Stuttgart, VDI-Berichte 1200, VDI-Verlag, Düsseldorf, 1995

[50]   P. Wehowsky, W. Meineke, J. de Marcos: *Auslegungsaspekte von Solarturmkraftwerken*, Solarthermische Kraftwerke zur Wärme- und Stromerzeugung, Tagung in Köln 1988, VDI-Berichte 704, VDI-Verlag, Düsseldorf, 1988

[51]   G.Keintzel, A. Finker: *PHOEBUS: Ein Solarturmkraftwerk vor der Markteinführung*, Solarthermische Kraftwerke II, Tagung im Oktober 1995 in Stuttgart, VDI-Berichte 1200, VDI-Verlag, Düsseldorf, 1995

[52]   M. Kleemann, M. Meliß: *Regenerative Energiequellen*, Springer-Verlag, Berlin/Heidelberg, 1993

[53]   H.W. Fricker: *Phoebus - Ein 30 MW$_{el}$ Demonstrationskraftwerk*, Solarthermische Kraftwerke zur Wärme- und Stromerzeugung, Tagung in Köln 1988, VDI-Berichte 704, VDI-Verlag, Düsseldorf, 1988

[54] P. Heinrich, M. Schmitz-Goeb: *2,5 MW-Demonstrationskraftwerk*, Solarthermische Kraftwerke zur Wärme- und Stromerzeugung, Tagung in Köln 1988, VDI-Berichte 704, VDI-Verlag, Düsseldorf, 1988

[55] C.-J. Winter: *Solarthermische Kraftwerke - Für die Exportwirtschaft meines europäischen Industrielandes*, Solarthermische Kraftwerke zur Wärme- und Stromerzeugung, Tagung in Köln 1988, VDI-Berichte 704, VDI-Verlag, Düsseldorf, 1988

[56] H.D. Baehr, K. Stephan: *Wärme- und Stoffübertragung*, Springer Verlag, 1994

[57] *Solar Thermal Test Facilities*, Solar PACES REPORT II-5/95, CIEMAT, 1996

[58] *Solar Central Receiver Technology Advancement for Electric Utility Applications - Phase 1 Topical Report*, DOE - Informationen, August 1988

[59] *PHOEBUS: Ein Solarturmkraftwerk mit 30 MW_{el} für Jordanien*, FDE, Machbarkeitsstudie Phase - 1B Band 1, März 1990

[60] K.W. Otto: *Regenerative Kraftwerke aus der Sicht der deutschen Stromwirtschaft*, Solarthermische Kraftwerke II, Tagung im Oktober 1995 in Stuttgart, VDI-Berichte 1200, VDI-Verlag, Düsseldorf, 1995

[61] W. Grasse: *Entwurfsgrundlagen für solarthermische Kraftwerke - Ergebnisse und Erfahrungen aus dem Betrieb von Experimentalanlagen*, Solarthermische Kraftwerke zur Wärme- und Stromerzeugung, Tagung in Köln 1988, VDI-Berichte 704, VDI-Verlag, Düsseldorf, 1988

[62] J. Nitsch, H. Klaiß, W. Meinecke, F. Staiß: *Thermische Solarkraftwerke und solare Prozeßwärme im Mittelmeerraum*, Forschungsverbund Sonnenenergie: „Themen 93/94"

[63] H. Klaiß, F. Staiß: *Systemvergleich und Potential von solarthermischen Anlagen im Mittelmeerraum*, Deutsche Forschungsanstalt für Luft- und Raumfahrt (DLR), Stuttgart, 1991

Springer
und
Umwelt

Als internationaler wissenschaftlicher
Verlag sind wir uns unserer besonderen
Verpflichtung der Umwelt gegenüber
bewußt und beziehen umweltorientierte
Grundsätze in Unternehmens-
entscheidungen mit ein. Von unseren
Geschäftspartnern (Druckereien,
Papierfabriken, Verpackungsherstellern
usw.) verlangen wir, daß sie sowohl
beim Herstellungsprozess selbst als
auch beim Einsatz der zur Verwendung
kommenden Materialien ökologische
Gesichtspunkte berücksichtigen.
Das für dieses Buch verwendete Papier
ist aus chlorfrei bzw. chlorarm
hergestelltem Zellstoff gefertigt und im
pH-Wert neutral.